Promotion Management

# 促銷管理 第**4**版
# 實戰與本土案例

行銷大師 **戴國良** 博士 著

五南圖書出版公司 印行

## 作者序

行銷與業務（marketing & sales）是任何一家公司創造營收與獲利的最重要來源。而在傳統的行銷4P策略作業中，「促銷策略」（sales promotion strategy; SP）已成為行銷4P策略中最重要的策略。而促銷策略通常又會搭配著「價格策略」（pricing strategy），形成相得益彰與贏的行銷二大工具。

## 促銷策略重要性大增的三個原因

近幾年來，全球各國的促銷策略運作已非常廣泛、普及而且深入，最主要的原因有三點：

第一，大部分的主力品牌產品，已不容易創造很大的差異化優勢。換言之，產品的水準已非常接近，大家都好像差不多。既然大家都差不多，那麼就要比價格，比促銷的優惠了。

第二，近年來，市場景氣可謂低迷，只有微幅成長，甚或衰退。在景氣不振之時，消費者更會看緊荷包，寧願等到促銷時才大肆採購。換言之，消費者更聰明、更理性、更會等待，也更會分析比較。

第三，競爭者的激烈競爭手段，一招比一招高，一招比一招重，已把消費者養成重口味。但這也是時勢所趨，競爭者只有不斷出新招、出奇招，才能吸引人潮，創造買氣，提升業績，達成營收額創新高之目標，並取得市場與品牌的領導地位。

## 我們每天都被圍繞在促銷環境中

在這三點原因匯聚下，這幾年的行銷與促銷活動顯得熱鬧非凡，目不暇給。我們每天翻開報紙、雜誌，或看電視廣告、聽廣播，或到賣場買東西，或上網，或坐捷運，或注視戶外看板、海報布條，或收到宣傳DM等，都會接收很多促銷活動的傳播訊息。可以說，我們每天都被圍繞在促銷的消費環境中。

而這些促銷（SP）活動的內容，可以說包羅萬象、無奇不有、不斷創新，包括比較常見的：

1. 折扣戰。
2. 零利率分期付款。
3. 滿千送百。
4. 加價購。
5. 買二送一。
6. 買大送小。
7. 抽獎。
8. 刷卡禮。
9. 滿額送贈品。
10. 刮刮樂。
11. 紅利積點送贈品。
12. 折價券（抵用券、購物金、禮券）。
13. 特賣會特價。
14. 賣場POP廣告宣傳。
15. 試吃活動。
16. 試賣會。
17. 包裝促銷。
18. 代言人促銷。
19. 其他促銷手法。

## 本書架構的三大部分說明

本書的架構，區分為四篇：

· 第一篇是有關促銷的基本理論說明，這是一個基礎入門的了解與認識。

· 第二篇是本書的重點所在，即是二十一種促銷方法實戰。作者蒐集了大約近四百個促銷照片實例，這些促銷實例，主要是反映在報紙、雜誌及宣傳DM上的促銷活動訊息的廣告稿圖及內容，由作者加以翻拍。另外，也有一部分在賣場及POP包裝促銷等圖片，則是作者親自拍攝的。我想這四百個案例，足以反映出廠商在規劃及推動促銷活動時的全方位構面，以及多種不同的促銷手法。簡言之，這四百個圖片案例可以說涵蓋及呈現出廠商促銷的實務。透過第一篇及第二篇的閱讀，應該可以清楚的了解到促銷「理論」及「實

務」的兩相對照及結合。

- 第三篇及第四篇則是有關促銷企劃案圖片彙輯及短案例的內容介紹，此部分可以提供給企劃人在撰寫促銷企劃案時的參考工具書。透過這四篇的結合，相信讀者可以對促銷策略與促銷計劃之推動，獲得一個完整與詳細的了解，相信也有助於各位讀者在規劃及評估促銷活動時，提升智慧性決策的能力。

## 在每天的行銷實踐中，發現真理

總括來說，其實行銷並無太高深的學問，它不像技術研發、專利智產權、財務數據模式或是高科技產品等，只要是對消費者有利的、是消費者喜歡的、能讓消費者滿意的，以及能創造集客力與提升買氣、創造營業佳績的任何創新、創意與顛覆傳統的促銷活動及促銷計畫案，都是值得嘗試與執行的。因為行銷策略與促銷活動，無所謂對錯，也不須浪費太多時間去做太久的評估，行銷創意如果無效，可以馬上就改，一天就可以改過來；如果是有效的，那就繼續擴大，乘勝追擊。另外，行銷與促銷是很容易被模仿學習及複製的，因此，贏的廠商必須要保持創新領先，並且在每天的行銷實踐中，發現真理、發現有效的方法，而這就是行銷進步的精神所在。

## 深深感謝與感恩

本書能夠順利出版，感謝我的家人、我的大學各級長官、我的同事、我的同學們，以及曾購買本人著作的各位上班族、好朋友們。由於您們的鼓勵、支持、指導與肯定，使我在無數寂寞夜裡的撰書中，能夠持續保持自我的毅力、體力、耐心與要求，且能在預定的目標時間中，有紀律地完成此書。

## 座右銘的鼓勵

最後，提供給各位讀者朋友們作為人生奮鬥的參考，希望對您們心靈與意志的啟發，帶來有意義的幫助。

☆人生來來去去，一如春、夏、秋、冬，一切平常心。

☆一燈能滅千年暗，以永恆的愛與智慧，點燃無數人內心的光明。

☆找到希望，那希望會支持自己走下去，扭轉生命的機會就此展開。

☆回首來時路，嘗盡的辛苦，成功克服求學的壓力時，您最終會發覺：一切付出，終究是會得到成果的。辛苦是值得的，也是人生過程中的必要歷練。

☆莫令時間空度，時間用到無餘，生命的精華才益形光彩。

☆曾經，不知道還要走多久，不知道還要走多遠。我累了，倦了。如今，我活過來了。

☆長夜將盡，光明很快就到來。

☆牽手情最難忘，它是我記憶中最幸福的事。

☆成功的祕訣：積極追求，永不放棄。

☆堅持，就會等到機會。

☆走自己的路，做最好的自己。

☆要把自己的人生及命運，交到自己手上。

☆您可以不看到我，但無法不感受到我。

☆知難不難，迎難而上，知難而進，永不退縮，不言失敗。

☆沒有愛的工作只是勞役，要愛在工作中。

☆人生是付出，而不是獲得。

☆一夜東風，枕邊吹散愁多少。數聲啼鳥，夢轉紗窗曉。來時初春，去時春將老。長亭道，天邊芳草，只有歸時好。

☆若不及時把握當前每一分秒，將白白空過一生。

☆反省自己，感謝別人。

☆有才無德，其才難用；有德無才，其德無用；品德第一，能力第二。

☆只要開始第一步，就離結果更近一些。

☆世間、生命、情感，一切不過就是因緣罷了。只有緣起，沒有結束。

☆力爭上游，終必有成。

☆上帝要擦去他們一切的眼淚；不再有死亡，也不再有悲哀、哭號及疼痛，因為以前的事都過去了。

☆信念的腳步：我說：請賜我一盞燈，好讓我安全步入未知之境。但接著傳來一個聲音說：不，是拉著上帝的手，步入黑暗，它比光更

好，比已知之道還更安全。

☆碧雲天，賞花地，春風起，花滿開，美好相逢永人間。

☆終身報佛恩、法恩、師恩、親恩及眾生恩。

☆無一物，無盡藏。

☆在變動的年代裡，堅持以真心相待。

☆博學、審問、慎思、明辨，然後力行。

☆面對變化、觀察變化，然後改變自己。

☆寂寞繁花淚輕灑，雨疏風驟誰牽掛，百媚千紅匆匆過，一世情緣付流沙，求什麼富貴，爭什麼榮華，醉夢醒後不是家，高門深院不勝寒。

☆從來不敢放下學習這二字。

☆成功的人生方程式：觀念×能力×熱忱×學習。

## 祝福與感恩

祝福各位讀者能走一趟快樂、幸福、成長、進步、滿足、平安、健康、平凡但美麗的人生旅途。沒有各位的鼓勵支持，就沒有這本書的誕生。在這歡喜收割的日子，榮耀歸於大家的無私奉獻。再次，由衷感謝大家，深深感恩，再感恩。

戴國良
敬上

taikuo@mail.shu.edu.tw

# 目　錄　*CONTENTS*

### 第5篇　促銷活動的公關媒體報導

# 第 1 篇

● 促銷理論篇

# Chapter 1 促銷基礎理論

## ▶ 第一節 促銷理論摘述 ◀

### 一、促銷的定義

促銷（sales promotion; SP）是由一個包羅萬象之推廣工具所組成，主要的目的在於促使消費者提早或增加購買量，使企業銷售量能有所突破。

在談促銷時應先對促銷進行定義，專家學者的說明不一而足。關於「促銷」的定義，主要有下列幾種。

#### (一)定義一

「促銷者對特定促銷對象提供短暫的、額外的誘因或利益，誘使促銷對象能提前購買，更多促銷產品從而轉換品牌，以期達到促銷者所期望的反應和行為。」

#### (二)定義二

美國行銷協會（American Marketing Association）：「在行銷活動中，不同於人的推銷、廣告以及公開報導，而有助於刺激消費者購買及增進中間商效能，諸如產品陳列、產品展示與展覽、產品示範等不定期、非例行性的推銷活動。」

#### (三)定義三

「短期活動為直接面對推銷員、中間商或最終消費者的活動，能增加銷售力或產生激勵的行動。」

### 二、促銷快速成長之原因（Rapid Growth of Sales Promotion）

促銷在現代商品行銷中已被廣泛及頻繁的使用，主要是基於以下因素：

## (一)被證明有效提升業績

- 對某些類型的產品而言，它已被證明是有用且能提升業績的行銷工具之一。

## (二)廠商有豐富經驗

- 競爭廠商開始有促銷的正確觀念及豐富操作經驗。

## (三)深受消費者歡迎

- M型社會的不景氣的時代中，消費者對折扣產品大表歡迎。

## (四)消費者得到滿足

- 消費者也期待從促銷活動中，得到額外的回饋補償或精打細算的滿足感。

## (五)廠商彼此間激烈競爭

- 廠商彼此之間激烈競爭的結果，各式各樣的促銷方式更加活潑與變化豐富。

# 三、促銷的目的（Purpose of Sales Promotion）（之一）

促銷活動之目的，主要可區分為兩類：

## (一)就新產品而言

藉促銷而提高品牌知名度（brand awareness），並吸引潛在消費者第一次試用（trial user）。

## (二)就現有產品而言

### 1.市場領導者（Market Leader）

希望促使消費者多增加購買量，防止品牌忠誠轉換，以及達成銷售業績目標與預算。

### 2.市場挑戰者（Market Challenger）

爭取品牌游移者轉到本公司來，提高市場占有率，並提升業績。

## 促銷的目的（之二）

促銷（sales proinotion; SP）是廠商經常使用的重要行銷作法，也是被證明有效的方法，特別在景氣低迷或市場競爭激烈的時刻，促銷經常被使用。

歸納來說，促銷的目的，可能包括下列：

1. 能有效提振業績，使銷售量脫離低迷，迅速增加。

2. 能有效出清快過期、過季產品的庫存量，特別是服飾品及流行性商品。

3. 獲得現流（現金流量）也是財務上的目的。特別是零售業，每天現金流入量大，若加上促銷活動則現流更大；對廠商也是一樣，現流增加，對廠商資金的調度也有很大助益。

4. 能避免業績衰退，當大家都在做促銷時，您不跟進，則必然會帶來業績衰退的結果。因此，像百貨公司、量販店等各大零售業都是蓄勢待發。

5. 為配合新產品上市的氣勢與買氣，有時候也會同時做促銷活動。

6. 為穩固市占率（market share），廠商也不得不做。

7. 平常為維繫品牌知名度，偶爾也要做促銷活動，順便拍攝廣告片。

8. 為達成營收預算目標，最後臨門一腳加碼。

9. 為維繫及滿足全國經銷商的需求與建議。

如圖1-1所示。

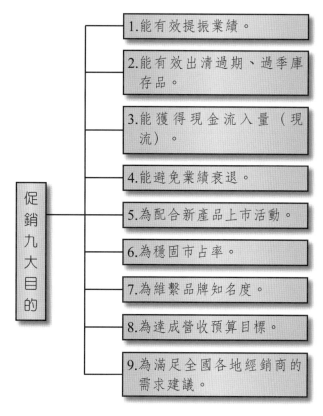

促銷九大目的

1. 能有效提振業績。

2. 能有效出清過期、過季庫存品。

3. 能獲得現金流入量（現流）。

4. 能避免業績衰退。

5. 為配合新產品上市活動。

6. 為穩固市占率。

7. 為維繫品牌知名度。

8. 為達成營收預算目標。

9. 為滿足全國各地經銷商的需求建議。

🍎 圖1-1　促銷的九大目的

## (三)小結

總的來說，促銷就是要提升業績或達成以業績為首要目的。產品沒有銷售量或銷量嚴重衰退，將會大大侵蝕獲利性。

## 四、促銷的主要決策（Major Decision of Sales Promotion）

促銷決策內容包括以下六項，如圖1-2所示。

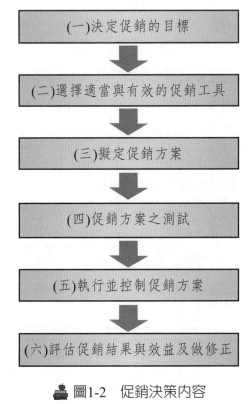

**圖1-2　促銷決策內容**

## (一)決定促銷的目標（Establishing Sales Promotion Objective）

促銷之主要決策，首在於建立促銷目標，而促銷目標依不同角度來看：

### 1.就消費者

促使忠誠顧客（loyalty customer）購買數量增多、促使其他品牌的使用者轉到本公司的品牌來、促使潛在顧客嘗試購買。

### 2.就零售商

促使建立採購的慣性、協助出清存貨、促使增加進貨量。

*3.*就銷售人員及組織者

提升銷售人員及其組織之士氣、協助其銷售障礙之解除。尤其，在景氣低迷與消費者消費心態保守之時，銷售組織更須借助促銷活動舉辦，以活絡買氣。

## (二)選擇適當與有效的促銷工具（Selecting Sales Promotion Tool）

*1.*適當的促銷工具

應該衡量以下因素：

(1)產品的性質。

(2)目標市場的狀況。

(3)成本與效益的分析。

(4)促銷的目標。

(5)競爭者的手段。

(6)吸引力的程度。

(7)產品生命週期所處的階段。

(8)與其他推廣工具之組合搭配。

*2.*促銷工具的種類

比較常見的促銷工具，大致有以下十七種：

(1)**抽獎**：例如：將標籤剪下參加抽獎活動，獎項可能包括國外旅遊機票、家電產品、轎車、日用品等，這是最常使用的方式。

(2)**免費樣品**（free charge sample）：不少廠商將新產品投遞到消費者家中的信箱裡或是在街頭、人群聚集的地方發放等，免費將樣品提供給消費者使用，以打開知名度及建立使用習性。

(3)**贈獎或贈現金**：如購買滿多少金額以上，就免費贈送手提袋或其他產品，刺激消費者購買足額，以得到贈獎。例如：買2,000元送200元抵用券；買3,000元以上送贈品。此即「購滿贈」以及「滿千送百」活動，也是當前主要的促銷操作項目之一。

(4)**折扣**：百貨公司或超級市場，都會在每個時節或特殊日子或換季時進行打折活動。通常消費者都會暫時忍耐消費，期待打折時再大舉購買，以節省支出，這是最受歡迎的促銷活動。

(5)**包裝的變化**：愈來愈多廠商為了活絡消費者在購買現場的氣氛，通常都會有一大一小的包裝，小的產品則屬於贈品。另外，也有組合式包裝

或兩大產品的共裝，但是價格卻較個別購買時便宜，主要的目的還是希望藉此折扣價格而增加銷售量，買大送小或買三送一經常可見。

(6)**購買點陳列與展示**（point of purchase display）：廠商也偶見在各種場合，以現場展示與說明，來吸引消費者購買。此外，也常見在購買現場張貼海報或旗幟，以引起消費者注意，此又稱為店頭行銷或通路行銷。

(7)**公開展示說明會**：例如：電腦、資訊、家電或海外房地產等產品，常會邀請潛在顧客出席一些高級場合且參觀公司公開的展示說明會，以求讓消費者增加認識與信心。

(8)**特價品**（均價99元）**活動或特價區**（每件50元、每件99元）**或任選**3就有特惠價格。

(9)**紅利積點換贈品活動或換抵現金折現。**

(10)**贈送折價券或抵用券**（coupon）**或購物金、紅利金。**

(11)**加價購**：消費者只要再花一些錢，就可以買到更貴、更好的另一個產品。

(12)**買第二個，以8折優待。**

(13)**來店禮及刷卡禮。**

(14)**加送期數**：例如：兒童雜誌每月300元，一年期3,500元；但新訂戶免費加送二期，合計訂一年可看十四期。

(15)**買一送一或買二送一。**

(16)**加1元多一件。**

(17)**會員價優惠。**

上述幾種是專對消費者可採用之促銷方式。

## 3.對通路商之促銷

至於廠商對銷售通路的經銷商、批發商或零售商之促銷方式，則較常採用：

(1)當進貨量或銷售量超過某一數量後，即給予價格折扣。

(2)常舉行業績競賽，優秀者贈予鼓勵性金獎牌或招待國外旅遊或頒發黃金等。

(3)給予經銷商票期拉長，或者允許先進貨，有賣出再收款（即寄售制度）。

(4)協助經銷商之店面進行改裝或張貼壓克力招牌等，如很多家電行、手機通信店等均是。

(5)給予經銷商暢銷產品保證優先進貨或保證給多少數量等鼓勵措施。

(6)給予廠商在建立直營連鎖通路時的入股權，或是總公司的部分股權，以提高大家的共同使命感。

(7)給予廣宣津貼補助。

各種促銷工具與方式如圖1-3所示：

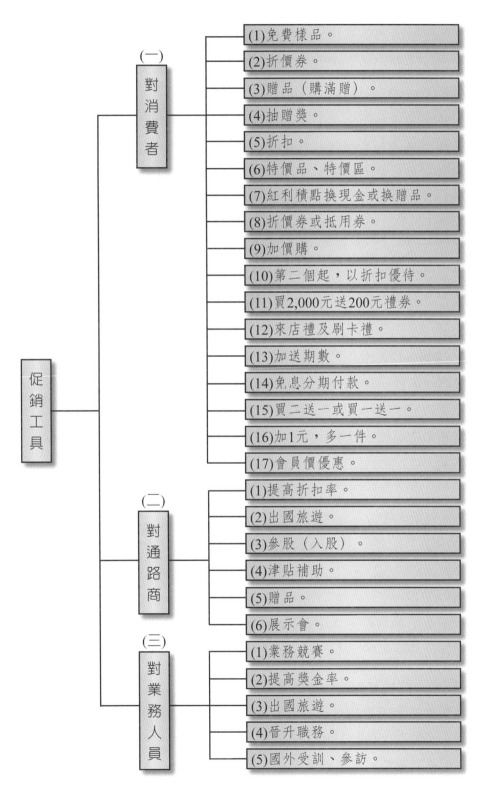

促銷工具

（一）對消費者
- (1)免費樣品。
- (2)折價券。
- (3)贈品（購滿贈）。
- (4)抽贈獎。
- (5)折扣。
- (6)特價品、特價區。
- (7)紅利積點換現金或換贈品。
- (8)折價券或抵用券。
- (9)加價購。
- (10)第二個起，以折扣優待。
- (11)買2,000元送200元禮券。
- (12)來店禮及刷卡禮。
- (13)加送期數。
- (14)免息分期付款。
- (15)買二送一或買一送一。
- (16)加1元，多一件。
- (17)會員價優惠。

（二）對通路商
- (1)提高折扣率。
- (2)出國旅遊。
- (3)參股（入股）。
- (4)津貼補助。
- (5)贈品。
- (6)展示會。

（三）對業務人員
- (1)業務競賽。
- (2)提高獎金率。
- (3)出國旅遊。
- (4)晉升職務。
- (5)國外受訓、參訪。

圖1-3　各種促銷工具與方式

### (三)擬定促銷方案（Developing Sales Promotion Program）

對於研訂一個完整、可行的與有效果的促銷方案，尚須考量以下幾項細節決策：

#### 1.誘因大小的考量

促銷方案誘因太小，引不起消費者注意；但太大，顯然又要顧及鉅額行銷支出費用是否有其代價的考量。通常，在年度大型促銷活動或是新產品隆重上市時，會有較大的促銷誘因活動設計，像百貨公司的週年慶、年中慶等即屬之。

#### 2.媒體工具分配的考量

促銷費用應如何適切分配於各媒體，以達到最大的告知與吸引效果，應加以評估。例如：量販店、資訊3C賣場、百貨公司、超市等，即比較經常在平面報紙媒體刊登促銷活動的訊息。

#### 3.促銷的時機

促銷活動推出的時機，必須慎重評估，不能過早，但也不能落於人後，應考慮多項因素再做決定。像週年慶、年中慶等重大促銷時機的起迄日期等，均必須依經驗及競爭狀況而決定。

#### 4.促銷時間的長短

促銷時間太短，會使人感到過於急迫而缺乏印象；但時間太長則使人感到不像是促銷，買氣的熱潮反而容易散去。如百貨公司年終慶時間，至少都有二週十四天以上，有的甚至長達三週或一個月。

#### 5.促銷的對象

促銷當然要有對象，不可能亂槍打鳥，但每一群類對象與地產商圈環境之適用條件及狀況都不太一致，因此必須研究適合的方案。

#### 6.促銷的總預算

廠商用於推廣費用，在正常狀況下，都有一定的預算與計畫。因此，一般來說，所謂的促銷計畫都是在預算下的產物，不可能天馬行空式地去做促銷規劃。促銷有在年度大促銷活動，以及每個月或每季的較小促銷活動的區別。

## (四)促銷方案之測試（Pre-test of SP. Program）

促銷方案在各種條件允許下，應可以事前加以測試，以了解：

*1.*促銷工具是否合適。

*2.*誘因的大小是否最佳。

*3.*表達的方式是否有效。

不過，在實務上，此項作法已漸消失，廠商大都依據過去多年經驗來判斷促銷方案的吸引力。

## (五)執行並控制促銷方案（Implementation and Control of S.P. Program）

促銷方案既定之後，應該有前置準備時間、正式執行時間與結束後評估時間等三項時程安排；而考核控制的目的，乃在使方案精神與標準不產生偏差。

## (六)評估促銷結果與效益（Evaluate S.P. Result）及做修正

促銷的評估方法有幾種，但仍以比較促銷前、促銷中與促銷後之三種狀況下銷售量變化情況為最主要之方式，因為這是比較數量化的指標。

## 五、行銷組合的內容

行銷組合（marketing mix）是行銷操作作業的真正核心，它是由**產品**（product）、**價格**（price）、**通路**（place）及**推廣**（promotion）等四個主軸所形成。由於這四個英文名詞均有一個P字，故又被稱為行銷4P。換言之，行銷「**組合**」又稱「**4P**」，如圖1-4所示。

那麼，為何要稱為「組合」（mix）呢？why？

主要是，當企業推出一項產品或服務，要成功的話，必須是「同時、同步」把4P都做好，任何一個P都不能疏漏或是有缺失。例如：某項產品品質與設計毫不出色，如果只是一味大做廣告，那麼產品也可能不會有很好的銷售結果。同樣的，一個不錯的產品，如果沒有投資廣告，那麼也不太可能成為知名度很高的品牌。尤其是現在全國知名品牌，根本不可能一年停下來不做廣告的，如P&G、統一、花王、TOYOTA、NOKIA、麥當勞、中信銀行信用卡……。

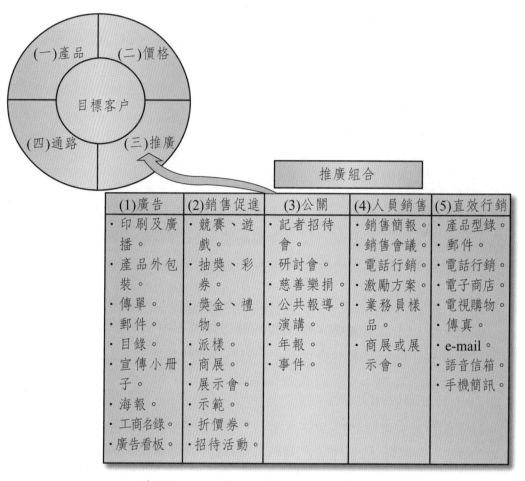

圖1-4　行銷4P組合與推廣組合細目

## 六、行銷4P組合的重要性排序

(一)在實際行銷作業中，在4P中，以「**促銷**」（promotion）屬於最為持續性工作內容，行銷單位人員花在這方面的人力也算是最多的。尤其在面臨市場競爭激烈與M型社會及市場景氣低迷的時刻，「促銷」常成為4P之首要動作。

(二)其次為「**產品**」（product），包括品牌的建立與維繫，以及新產品創新服務的持續性推出。這一部分的工作，行銷人員經常與研發部門人員和生產部門人員密切討論溝通。例如：銀行信用卡、有線頻道新聞主播、西式速食店、便利超商、轎車款式、洗髮精、百貨公司、飲料、食品、手機等經常有新產品、新品牌、新包裝及新服務等不斷創新推出上市。這一部分的工作，也耗掉行銷部門不少人力。

(三)在「**價格**」方面，價格是屬動腦的部分，只要價格政策定了之後，這方面並不須耗用很多行銷人力。較常見的是價格因應市場變化欲進行的調整，大部分是價格調降或促銷價格的時候，少部分則為價格調漲的時候。

(四)在「**通路**」方面，除非是新創公司或是新產品上市，否則通路上架問題並不是太大。尤其是名牌產品通路拒絕的狀況很少。一般來說，只要前面所述的三個P能做好（即產品好、價格好、促銷好），通路就能水到渠成，不僅普及率高，而且會被放在最好的架位上，最容易被消費者看到及取拿。

## ◆ 第二節 二十一種主要促銷方式 ◆

### 一、引言：促銷策略重要性大增的三個原因

「行銷與業務」（marketing & sales）是任何一家公司創造營收與獲利的最重要來源。而在傳統的行銷4P策略作業中，「推廣促銷」策略（sales promotion strategy; SP）已成為行銷4P策略中的最重要策略。而促銷策略通常又會搭配「價格」策略（pricing strategy），形成相得益彰與贏的行銷兩大工具。

近幾年來，全球各國的促銷策略運作已非常廣泛、普及而且深入，最主要的原因有三點：

第一，大部分的主力品牌產品，已不容易創造多大的產品內容差異化優勢；換言之，產品的水準已非常接近，大家好像都差不多。既然大家都差不多，那麼就要比價格、比促銷的優惠，或是比服務水準了。

第二，近年來，市場景氣可謂低迷，只有微幅成長，甚或衰退。在景氣不振時，消費者更會看緊荷包，寧願等到促銷時才大肆採購。換言之，消費者更聰明、更理性、更會等待，也更會分析比較。

第三，競爭者的激烈競爭手段，一招比一招高，一招比一招重，已把消費者養成重口味。但是這也沒有辦法，競爭者只有不斷出新招、出奇招，才能吸引人潮，創造買氣、提升業績，達成營收額創新高之目標，並取得市場與品牌的領導地位。

## 二、我們每天都被圍繞在促銷環境中

在這三點原因匯聚下，這幾年的行銷與促銷活動顯得熱鬧非凡，目不暇給。我們每天翻閱報紙、雜誌，或看電視廣告、聽廣播，或到賣場買東西，或上網，或坐捷運，或注視戶外看板、海報布條，或收到宣傳DM等，都會接收很多促銷活動的傳播訊息。可以說，我們每天都被圍繞在促銷的消費環境中。

這些促銷（SP）活動的內容，可以說包羅萬象、無奇不有、不斷創新，包括比較常見的：

(一)折扣戰。

(二)零利率分期付款。

(三)滿千送百。

(四)加價購。

(五)買二送一、買一送一。

(六)買大送小。

(七)抽獎。

(八)刷卡禮。

(九)滿額送贈品。

(十)刮刮樂。

(十一)紅利積點送贈品。

(十二)折價券（抵用券、購物金、禮券）。

(十三)特賣會特價。

(十四)賣場POP廣告宣傳。

(十五)試吃活動。

(十六)試賣會。

(十七)包裝促銷。

(十八)代言人促銷。

(十九)加1元，多一件。

(二十)會員價優惠。

(二十一)其他促銷手法等。

## 三、在每天的行銷實踐中，發現真理

總的來說，其實行銷並無太高深的學問，它不像技術研發、專利智產

權、財務數據模式或是高科技產品等，只要是對消費者有利的、是消費者喜歡的、能讓消費者滿意的，以及能創造集客力與提升買氣、創造營業佳績的任何創新、創意與顛覆傳統的促銷活動和促銷計畫案，都是值得嘗試與執行的。因為行銷策略與促銷活動，無所謂對錯，也不須浪費太多時間去做太久的評估，因為行銷創意如果無效，可以馬上就改；如果是有效的，那就繼續擴大，乘勝追擊下去。另外，行銷與促銷是很容易被模仿學習及複製的。因此，贏的廠商必須要保持創新領先一段時間，並且在每天的行銷實踐中，發現真理，找出有效的方法，而這就是行銷進步的精神所在。

## 四、SP（促銷）活動結果差異性分析

### (一)「產品屬性」不同，SP的效果會有差異

就消費性產品而言，如飲料、食品、家庭清潔用品等，SP實施後的效果可以馬上看得見。相較之下，耐久性產品則會一針見效，景氣低迷時，消費者首先會控制單價較高的耐久財購買，或增購的時間。

### (二)不同「產品生命週期」的產品，SP的效益也會有所不同

當產品處在導入期或成長期時，因整體的市場需求仍在擴張，所以實施SP，會刺激新使用者的嘗試使用，同時鼓勵既有使用者增加使用。產品進入成熟期及衰退期時，SP刺激市場需求擴張的效果有限，此時多半在維持既有使用者的忠誠、回饋品牌愛用者或吸引一些品牌游離者。換句話說，進入成熟階段的SP活動，「維持市場，並減緩銷售下滑速度」的功能更甚於「在市場上爭取到新的、長期性的消費者」。

### (三)「品牌」的市場地位也會影響到SP的成效

比較消費性產品的領導品牌與小品牌的SP活動回函率，通常會跟市場占有率呈現正相關的反應。也就是說，市場占有率較小的品牌，寄望刺激銷售甚至擴大市場占有率，通常效果有限。

### (四)獎項多不如獎項大

根據消費者調查，消費者對「大獎項」普遍抱著「不可能會是我」的消極想法，而較不偏好這種低中獎率的抽獎活動。不過，諸如「汽車」、「現金」的魅力度相當高，即使中獎率低，也難免會吸引想碰運氣的消費者來熱情參與。

**(五)品牌差異化大小與否，SP所產生的效用有異**

在高度品牌同質性的市場上（如面紙、食用油、家庭清潔用品等），SP可以在短期內產生高度的銷售反應，但獲得長期的市場占有率較為困難。而在高度品牌差異的市場上（如化妝品、行動電話等），亦可較長期地改變市場占有率。

**(六)忠誠度高的消費者，比較不會因競爭性的促銷而改變其購買型態**

一般來說，男性、高所得、高學歷及品牌忠誠度高的消費者，是比較少受到廠商促銷活動的影響，而改變其過去長期以來的購買型態。

## 五、促銷方法彙整──開啟促銷戰

「促銷」（sales promotion）已成為銷售4P中最重要的一環，而且經常是被用來運作的工具。促銷之所以日趨重要，是因為當產品的外觀、品質、功能、信譽、通路等都日趨一致，而沒有差異化時，除了極少數名牌精品外，所剩下的行銷競爭武器，就只有「價格戰」與「促銷戰」了。而價格戰又常被含括在促銷戰中，是促銷戰運用的有力工具之一。

既然促銷戰如此重要，本章蒐集近年來各種行業在促銷戰方面的相關做法，經過歸類、彙整及扼要說明，供各位讀者參考。

茲彙整約二十一種對消費者做促銷活動的方式，如圖1-5所示。

# ❖ 第三節 促銷活動企劃與效益分析 ❖

## 一、促銷活動企劃案撰寫項目彙整

有關舉辦一場SP（sales promotion）促銷活動企劃案撰寫的涵蓋項目，大致包括如下內容：

(一)活動期間、活動時間、活動日期（以郵戳為憑）。

(二)活動slogan（標語）。

(三)活動內容、活動辦法、活動方式、參加方式、參加辦法。

(四)活動對象。

(五)活動獎項、獎項說明、獎項介紹。

(六)抽獎時間、抽獎日期（公開抽獎）。

(七)活動地點。

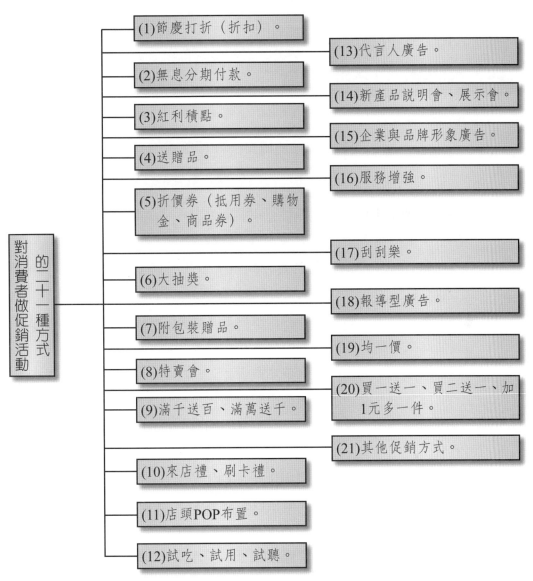

🍎 圖1-5 對消費者做促銷活動的二十一種方式

製圖：戴國良。

(八)參賽須知。

(九)活動商品、參加品牌、參加品項。

(十)收件日期。

(十一)活動查詢專線、消費者服務專線。

(十二)中獎公告方式、中獎公布時間。

(十三)兌獎方式、兌換期限、兌換通路、兌獎日期、使用限制。

(十四)第一獎、第二獎、第三獎、普獎。

(十五)活動官網。

(十六)贈品寄送說明。

(十七)扣稅說明（獎項價值2萬元以上，將扣10%，並開立扣繳憑單）。

(十八)活動注意事項。

(十九)活動效益評估。

(二十)slogan：滿額贈、萬元抽禮券、好禮雙重送、現刮現中、萬元抽獎、開瓶有獎、開蓋就送、天天抽、週週送、百萬現金隨手拿。

## 二、SP促銷活動「效益評估」例舉（之一）

(一)評估業績成長多少

- 在執行促銷活動後的當月分業績，較平常時期的平均每月營收業績成長多少。

(二)評估參加促銷活動消費者的踴躍程度，例如：多少人次。

(三)評估此次活動所投入的實際成本花費是多少。

(四)評估扣除成本之後的淨效益是多少。

- 增加業績×毛利率＝毛利額的增加。
- 毛利額增加－實際支出的成本＝淨利潤的增加。

(五)例舉

- 某飲料公司在八月分舉辦促銷活動，過去平常每月業績為2億元，現在舉辦促銷活動後，業績成長30%，達2.6億元，淨增加6,000萬元營收。
- 另外，此次促銷活動實際支出為：獎項成本500萬元、媒體宣傳成本500萬元，合計1,000萬元。
- 營收增加6,000萬元，以三成毛利率計算，則毛利額增加1,800萬元。
- 故毛利額1,800萬元減掉成本支出1,000萬元，可得到淨利潤800萬元。
- 此外，無形效益尚包括：此活動可增加顧客忠誠度、增加品牌知名度及增加潛在新顧客效益等。

## SP促銷活動效益如何評估（之二）
### 〈個案1〉折扣促銷活動（全面8折）

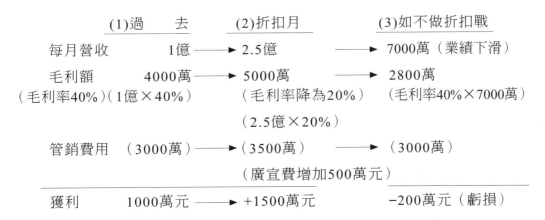

|  | (1)過　去 | (2)折扣月 | (3)如不做折扣戰 |
|---|---|---|---|
| 每月營收 | 1億 ⟶ | 2.5億 ⟶ | 7000萬（業績下滑） |
| 毛利額 | 4000萬 ⟶ | 5000萬 ⟶ | 2800萬 |
| （毛利率40%） | （1億×40%） | （毛利率降為20%） | （毛利率40%×7000萬） |
|  |  | （2.5億×20%） |  |
| 管銷費用 | （3000萬）⟶ | （3500萬）⟶ | （3000萬） |
|  |  | （廣宣費增加500萬元） |  |
| 獲利 | 1000萬元 ⟶ | +1500萬元 | −200萬元（虧損） |

〈分析〉

①如不做折扣戰促銷，很可能營收業績下滑，導致毛利額從4,000萬元降為2,800萬元，以及從獲利1,000萬，轉變為虧損200萬元。

②如果做了折扣促銷，雖然使毛利率降為20%，但因營收業績上升1.5倍，故毛利額增加到5,000萬元，扣除掉3,500萬元的管銷費用，則獲利為1,500萬元。

　　另外，此舉也使公司現金流量增加（由1億→2.5億營收）以及商品存貨減少，避免過季存貨的產生。

③當然，假設折扣月活動，使營收僅上升到1.5億而已，則毛利額僅為3,000萬，再扣除3,500萬管銷費用，亦為虧損500萬元。

### 〈個案2〉千萬抽獎活動

|  | (1)過去 | (2)抽獎月 | (3)不做抽獎 |
|---|---|---|---|
| 每月營收 | 1億 ⟶ | 1.2億（＋20%）⟶ | 8000萬（−20%） |
| 毛利額 | 4000萬 ⟶ | 4800萬 ⟶ | 3200萬 |
| （毛利率40%） | （40%×1億） | （40%×1.2億） | （40%×8000萬） |
| 管銷費 | （3000萬）⟶ | （4000萬）⟶ | （3000萬） |
|  |  | （3000萬＋1000萬） |  |
|  | 獲利1000萬元 | 獲利800萬元 | 虧損200萬元 |

〈分析〉

①如不舉辦抽獎活動，反而會虧損200萬元；若舉辦抽獎，則業績會上升20%，而且獲利仍可望有800萬元。

②不舉辦抽獎活動而使營收衰退，係假設市場景氣不佳，且競爭過度所致。

## 〈個案3〉折扣戰會使公司毛利率下降

| 原來狀況 | （九折）折扣後狀況 |
|---|---|
| 1雙鞋售價$1000元 | 1雙鞋售價$900元 |
| －進貨成本（$700元） | －進貨成本 $700元 |
| 毛利額 　$300元 | 毛利額 $200元 |
| 故，毛利率300元÷1000元＝30% | 故，毛利率200元÷900元＝22% |

折扣戰效益分析的三種狀況：

| 狀況1：<br>原來狀況 | → | 狀況2：<br>如不做折扣，因不<br>景氣，使業績下滑 | → | 狀況3：<br>做了及時促銷活動，<br>使業績上升 |
|---|---|---|---|---|
| 每天營業額1000萬<br>毛利率　　30% | | 每天營業額700萬<br>毛利額　　30% | | 每天營業額1500萬<br>毛利率　　22% |
| 每天毛利額300萬<br>　　×7天 | | 每天毛利額210萬<br>　　×7天 | | 每天毛利額330萬<br>　　×7天 |
| 每週可賺<br>毛利額2100萬／7天 | | 每週毛利額<br>1470萬／7天 | | 每週毛利額2310萬／7天 |
| 每週營銷<br>費用　（1000萬） | | 每週營銷<br>費用（1000萬） | | 每週營銷費用（1000萬）<br>廣告費　　　（500萬） |
| 每週淨賺1100萬 | → | 470萬 | → | 810萬 |

狀況3比狀況2為佳，故仍必須做促銷活動為宜。

## 三、各大百貨公司年底週年慶活動企劃

### (一)企劃要點

1.主力促銷項目計畫（全面8折起、滿萬送千、滿千送百、滿500送500、刷卡禮、滿額贈、大抽獎、品牌特價、限時限量品、排隊商品……）。

2.與各層樓專櫃廠商協調促銷方案情況彙報。

3.與信用卡公司異業合作計畫（免息六期分期付款刷卡）。

4.服務加強計畫（免費宅配、免費停車、VIP服務）。

5.特別活動舉辦企劃（聚集人潮的藝文、歌唱、趣味、娛樂、鄉土等表演及展示活動）。

6.店內、店外的POP廣宣布置（招牌、布條、立牌、吊牌裝飾布置）。

7.對外整體媒體廣宣計畫

  (1)TVCF電視廣告。

  (2)NP報紙廣告。

  (3)MG雜誌廣告。

  (4)RD廣播廣告。

  (5)官網建置。

  (6)公關擴大報導。

  (7)公車廣告。

8.DM設計及印製、份數計畫。

9.與各大廠商聯合刊登NP報紙廣告的協力廠家數。

10.周邊交通及保全計畫。

11.臨時危機處理計畫。

12.VIP重要會員的個別誠意邀請及告知。

13.本次週年慶業績目標訂定。

14.本次週年慶來客數及客單價目標概估。

15.本次週年慶獲利目標概估。

16.本次週年慶的時間與日期。

17.本公司週年慶與同業競爭對手的比較分析。

18.本次週年慶本館及全公司人力總動員與工作分配狀況說明。

19.結語。

## (二)事後效益分析報告

1.業績（營收）達成度如何？與預計目標相比較如何？

2.今年業績與去年同期比較成長多少？是進步或退步？

3.今年獲利狀況如何？

    EX：過去平均每月業績：40億

        週年慶當月業績：80億

            增加：40億

                ×30%（百貨專櫃抽成30%）（毛利率）

$$增加 \quad 12億（滿千送百禮券、贈品、抽獎品、$$
$$扣掉支出 \quad 8億 \quad 廣宣費、人事費、服務費）$$
$$淨賺 \quad 4億$$

4.總來客數較去年成長多少？平均客單價又成長多少？

5.會員卡使用率（活卡率）占多少？（EX：Happy Go卡、新光三越卡）

6.顧客滿意度如何？（EX：現場問卷填寫、電訪問卷、櫃檯反應）

7.電視新聞報紙及網路報導則數有多少則？版面大小如何？

8.新會員、新辦卡人數增加多少？

9.各層樓產品專櫃反應意見如何？

10.哪幾種促銷項目最受歡迎？

11.其他無形效益分析。

12.總檢討結論：本次週年慶的得與失分析及未來建議。

## (三)週年慶成功要因分析

1.各專櫃廠商的折扣數及其他優惠措施誘因要足夠。

2.媒體宣傳及公關報導要充分配合。

3.廠商備貨要夠，不能缺貨。

4.結帳櫃檯數量及速度均要控制得宜。

5.交通引導及保全要準備妥當。

6.大型活動舉辦要適當配合，以吸引人潮。

## 四、促銷活動成功要素

不見得每家廠商的促銷活動都會成功，有時候也會失敗或成效不佳，促銷活動成功要素，有以下幾點：

### (一)誘因要夠

促銷活動的本身誘因一定要足夠，例如：折扣數、贈品吸引力、抽獎品吸引力、禮券吸引力……。誘因是根本本質，缺乏誘因，就難以撼動消費者。

### (二)廣告宣傳及公關報導要充分配合

促銷活動若沒有廣告宣傳及公關報導的充分配合，那麼就完全沒有人知道了，效果也將大打折扣。因此，適當的投入廣宣及公關預算是必要的。

### (三)會員直效行銷

針對幾萬或幾十萬名特定的會員，可以透過郵寄目錄、DM、eDM或區域性打電話通知的方式，告知及邀請該地區內會員到店消費。

### (四)善用代言人

少數產品有代言人的，應善用代言人做廣告宣傳及公關活動以引起報導話題，進而吸引人潮。

### (五)與零售商大賣場互動密切

大賣場或超市定期會有促銷型的DM商品，廠商應該每年幾次好好與零售商做好促銷配合，包括賣場的促銷陳列布置、促銷DM印製及促銷贈品的現場取拿活動等。

### (六)與經銷店保持良好關係

有些產品是透過經銷店銷售的，例如：手機、家電品、資訊電腦品等，如果全國經銷店店長都能配合，主動推薦本公司產品給消費者，那也會創造好業績。

歸納如圖1-6所示：

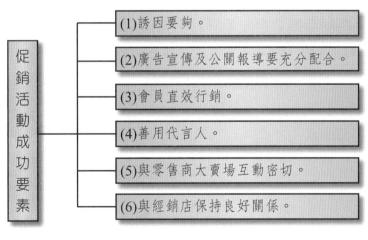

促銷活動成功要素
- (1)誘因要夠。
- (2)廣告宣傳及公關報導要充分配合。
- (3)會員直效行銷。
- (4)善用代言人。
- (5)與零售商大賣場互動密切。
- (6)與經銷店保持良好關係。

圖1-6　促銷活動成功要素

## 五、促銷活動應注意事項

在辦理促銷活動時，應注意下列事項：

### (一)官網的配合

公司官方網站應做相對應的配合宣傳及配合作業事項,例如:中獎名單的公告等。

### (二)增加現場服務人員以加快速度

在促銷活動的前幾天,零售賣場可能會擠進一堆人潮,此時現場的收銀機服務窗口人員及現場服務人員可能不足,故必須多加派一些人手支援,以避免顧客抱怨,影響口碑。

### (三)避免缺貨

對廠商而言,促銷期間應妥善預估可能增加的銷售量,務必做好備貨安排,隨時供貨給零售店,以免出現缺貨的缺失,引起顧客抱怨。

### (四)快速通知

對於中獎名單及顧客通知或贈品寄送的速度,應該要儘快完成,要有信用。

### (五)異業合作協調好

對於與信用卡公司或其他異業合作的公司,應注意雙方合作協調的事情,勿使問題發生。

### (六)店頭行銷配合布置好

對於廠商自己的連鎖直營店、連鎖加盟店或零售大賣場的廣宣招牌、海報、立牌、吊牌等,都應該在促銷活動日期之前就要處理布置完成。對於店員的訓練或書面告知,亦都要提前做好。

### (七)員工停止休假

在促銷期間,廠商及零售賣場經營是總動員而停止休假的。

## 六、年度大型促銷活動分工小組

廠商大型的促銷活動,例如:百貨公司、大賣場的週年慶、年中慶、會員招待會、破盤四日活動等大型促銷活動,由於時間較長,活動較盛大,宣傳費花得也多。因此,常會成立專案小組負責此案,其分工小組的組織分工架構,大致如圖1-7所示。

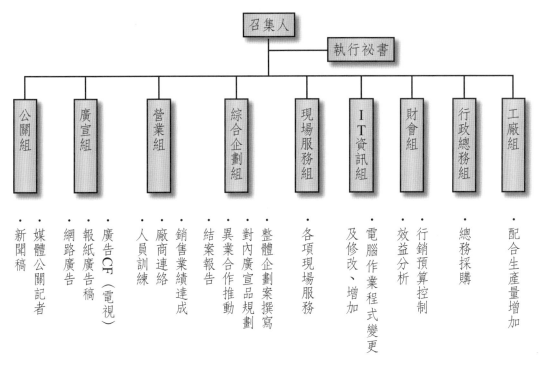

▲ 圖1-7 大型促銷活動分工小組

## 七、年度大型促銷活動準備工作項目

在執行大型促銷活動的過程中，大致有以下準備工作項目要顧及：

(一)電視廣告CF製作。

(二)各種媒體預算及行銷活動預算的編列預估與控管。

(三)新聞記者會的召開規劃及聯繫。

(四)公關媒體的報導及新聞稿準備。

(五)DM宣傳品規劃、印製及寄發。

(六)大型海報、布條、旗幟、吊牌、立牌之設計與印製。

(七)紅利積點卡之配合。

(八)IT資訊系統的調整配合。

(九)現場服務加強措施規劃及安排。

(十)各門市店媒體通報刊物及活動通報刊物。

(十一)禮券、折價券、抵用券送發的人員工作區。

(十二)各贈品的選擇及採購。

(十三)銀行信用卡免息分期付款及刷卡贈品的洽談與規劃。

(十四)異業結盟合作案的洽談及規劃。

(十五)營業時間延長規劃。

(十六)全員培訓了解及內部行銷加強。

(十七)停止休假通知。

(十八)抽獎活動的進行及公告。

(十九)官網（公司網站）的網路行銷規劃及準備po出。

(二十)促銷活動期間業績目標的訂定、追蹤及研討因應對策。

(二十一)相關協力廠商配合的洽談及要求。

(二十二)其他重要事項

　1.應評估各種促銷活動設計的誘因是否足夠？是否能引起消費者的驚奇？是否超過競爭對手？

　2.應做好各媒體廣宣預告活動，務必打響活動才行。

　3.應做好媒體公關發稿及呈報工作，塑造熱烈展開的氣氛。

　4.應逐日關注業績達成的狀況，隨時做好因應對策。

　5.當地各分店、各分館、各門市等應做好當地商圈內的廣告宣傳工作以及對會員顧客進行直效行銷工作。

　6.應每天於下班前召開全體會議，及時討論當天各項工作的得與失，並及時指示如何調整及改變的應對措施，以達最好的活動成果績效。

## 八、新產品上市記者會企劃案撰寫要點

(一)記者會主題名稱。

(二)記者會日期與時間。

(三)記者會地點。

(四)記者會主持人建議人選。

(五)記者會進行流程（run down）：含出場方式、來賓講話、影帶播放、表演節目安排等。

(六)記者會現場布置概示圖。

(七)記者會邀請媒體記者清單及人數

　1.TV（電視臺）出機：TVBS、三立、中天、東森、民視、非凡、年代等多家新聞臺。

　2.報紙：蘋果、聯合、中時、自由、經濟日報、工商時報等。

　3.雜誌：商周、天下、遠見、財訊、非凡等。

　4.網路：聯合新聞網、Nownews、中時電子報等。

5.廣播：News98、中廣等。

(八)記者會邀請來賓清單及人數，包括全省經銷商代表。

(九)記者會準備資料袋（包括新聞稿、紀念品產品DM等）。

(十)記者會代言人出席及介紹。

(十一)記者會現場座位安排。

(十二)現場供應餐點及份數。

(十三)各級長官（董事長／總經理）講稿準備。

(十四)現場錄影準備。

(十五)現場保全安排。

(十六)記者會組織分工表及現場人員配置表：包括企劃組、媒體組、總
務招待組、業務組等。

(十七)記者會本公司出席人員清單及人數。

(十八)記者會預算表：包括場地費、餐點費、主持費、布置費、藝人表
演費、禮品費、資料費、錄影費、雜費等。

(十九)記者會後安排媒體專訪。

(二十)記者會後事後檢討報告（效益分析）

　　1.出席記者統計。

　　2.報導則數統計。

　　3.成效反應分析。

　　4.優缺點分析。

## 九、促銷案例slogan及標題之案例

### (一)刷國泰世華信用卡，天天都是Happy day

　　1.全國、台亞加油站：天天降1.8元。

　　2.康是美：消費滿888元，現折100元。

　　3.怡客咖啡：天天「買一送一」。

　　4.爭鮮回轉壽司：刷卡用餐滿十盤以上，免費扣抵一盤。

　　5.Häagan-Dazs：刷卡享9折優惠。

### (二)美麗華（大直）購物中心

　　1.美麗直達，歡樂一整年，全館滿額抽。

　　2.當日消費累積滿200元，即可兌換抽獎券乙張，滿4,000元即可兌換二
張。

3.全館累積滿5,000元送500元。

4.百貨服飾7折起，化妝品、睡內衣9折起。

### (三)SOGO百貨天母店

・全館8折起；送Crystall Ball來店禮；限日獨家打4折；單月滿5,000元送500元抵用券；十八家銀行十二期零利率。

### (四)新光三越百貨

1.刷卡消費滿額，再送各式好禮。

2.消費滿額集點送，Hello Kitty讓您帶回家。

3.全館8折起。

4.新光三越卡友獨享Kitty浴巾。

5.全省新光三越刷花旗卡，停車2小時優惠。

### (五)微風廣場

1.刷卡禮：消費刷卡滿3,000元以上，即可兌換贈品。

2.微風聯名卡卡友獨享六期零利率（單櫃單筆消費滿6,000元以上）。

3.一樓國際精品，當日單卡單櫃單筆，滿20,000元送2,300元酬賓券。

4.尊享禮：滿30,000元以上，即可兌換寬庭蠶絲冬被乙份。

### (六)SOGO百貨忠孝館

1.秋冬日本和風節（日本九州及各地美食與精緻工藝之旅）。

2.消費來店禮：快樂購集點卡，當日單筆消費滿300元以上，即可兌換贈品，限量一萬組。

3.日本和風節驚喜抽，消費滿3,000元以上，即可憑發票參加抽獎活動。

### (七)聯合報系

・看梵谷畫展，即抽荷蘭機票。

### (八)資生堂

1.週年慶限量特惠，美肌夢幻組，美麗聰明購（美麗價）。

2.東京櫃：購滿3,500元，好禮二選一。

### (九)林鳳營優酪乳

・大力寫手活動，萬元獎金送給您。

## (十)統一速食麵

1.好禮全麵送，週週送十萬圓夢基金。

2.吃愈多中獎愈多，讓您美夢成真獎不完。

3.現金十萬週週抽、週週送，最後一週加碼再送HONDA汽車。

## (十一)屈臣氏

1.寵i會員，專櫃化妝品享9折。

2.中國信託信用卡獨享刷滿5,000元，享三期零利率。

## (十二)SOGO網路訂購

‧訂購滿1,000元以上，一通電話免費送到家。

## (十三)臺北101購物中心

1.全館精品服飾滿萬送千；國際珠寶手錶滿50,000元送3,000元。

2.全館消費滿額回饋送贈品。

3.臺北101聯名卡、中信鼎極卡貴賓專屬回饋。

## (十四)國泰世華鳳凰鈦金卡

1.下午茶二人同行，一人免費；百貨超市最高1%現金回饋。

2.買機票出國旅遊更超值；國內旅遊飯店折扣均一價。

3.新戶申辦享SOGO禮券500元。

## (十五)白蘭氏雞精

‧中秋送白蘭氏，為好友健康加油打氣。

## (十六)屈臣氏

1.週年慶全店消費滿2,000元送200元現金抵用券。

2.開架化妝品85折。

3.各品牌超值折扣價。

4.會員卡點數6倍狂飆。

## (十七)7-11

1.量販預購，每箱58折起，持icash付款加贈紅利點數50點（省錢、省時間，住家樓下的量販店）。

2.City Cafè第二杯5折。

## (十八)Nature Made

1. 美國第一大品牌維他命，連七週，週週抽7名，送最新iPhone 3GS。

2. 週週再抽100名，免費送綜合維生素100錠（市價650元）。

## (十九)全聯福利中心

1. 聯合利華：中秋好禮三重送。

第一重：現買現送。

第二重：刮再送。

第三重：抽再送。

2. 中秋佳節特賞，必搶商品特惠價。

## (二十)麥當勞

- 麥當勞超值早餐49元、超值午餐79元，天天來，最划得來。

## (二十一)SOGO百貨

- 感謝購物慶，品牌聯合特賣會2折起；流行女鞋女包展售會2.5折起；家電家寢特別回饋價。

## (二十二)家樂福

- 只有一天，全店單筆消費滿2,000元送200元現金折價券，買愈多送愈多。

## (二十三)寶島眼鏡

1. 百萬好禮大抽獎。

2. 拼很大、省很多，抽很High。

## (二十四)肯德基

- 買四塊烤腿桶，送烤腿套餐一個。

## (二十五)金門酒廠

- 金門高粱38°，蓋有福利，開瓶見獎，再來一瓶，中獎率高達10%。

## (二十六)味王

- 味王50週年慶這廂有禮抽獎活動，頭獎奇美42吋液晶電視機乙臺（5名）。

### (二十七)遠東百貨

*1.*遠東集團60週年，申辦獨得60點快樂購卡點數，消費再抽百萬好禮。

*2.*凡持Happy Go卡銷200點，即贈100元紅利券乙張。

### (二十八)露得清

· 凡購買露得清全系列商品，滿299元即可獲得刮刮卡乙張，就有機會刮中贈品。

### (二十九)新光銀行

· 新卡友現在申辦鈦鑽卡，好禮四重送。

好禮一：溫泉、SPA、健檢。

好禮二：刷卡滿額禮。

好禮三：現金回饋禮。

好禮四：紅利加倍禮。

# 第 2 篇

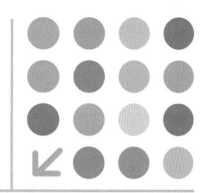

## ● 二十一種主要促銷方式分析

# Chapter ② 節慶打折（折扣）促銷活動

　　廠商或零售流通業者，利用各種節慶時機，進行各種不同折扣程度的促銷活動，是業界常見的促銷手法與方法，對業績提升，亦算是滿有力與有效的途徑。

## 一、節慶時機

　　一般來說，主要節慶時機包括下列幾項：

　　*1.*週年慶、*2.*年中慶、*3.*聖誕節、*4.*春節（農曆年）、*5.*母親節、*6.*父親節、*7.*中元節、*8.*端午節、*9.*中秋節、*10.*元宵節、*11.*元旦、*12.*尾牙、*13.*兒童節、*14.*教師節、*15.*國慶日、*16.*情人節、*17.*開學季、*18.*萬聖節、*19.*春假（4月分）、*20.*其他節慶（例如：春、夏、秋、冬季購物節等）。

　　此外，還經常包括業者自己的節慶活動，例如：

　　(一)正式開幕。

　　(二)重新裝潢開幕。

　　(三)店數突破100店、200店、500店、1,000店等慶祝活動。

　　(四)其他各種名目而舉辦的折扣活動（如季節變化等）。

## 二、優點分析

　　利用節慶時機，進行折扣促銷活動，主要有以下幾項顯著的優點：

### (一)實惠性

　　此項活動對消費者而言最具實惠性，因為折扣活動已明顯將消費者所支出的錢省下來。此對廣大中低收入上班族而言，最具有吸引力。

　　例如：化妝品全館9折活動，如果買了5,000元化妝品，相當於省下500元。全館服飾8折起，如果買了8,000元服飾，就可省下1,600元的支出。

## (二)立即性與全面性

全館或某類商品的節慶折扣活動，可以使所有消費者，都能立即、全面性地享受到此種購物優惠，既不限會員對象，也不限購買的金額，或買哪些商品。

## 三、缺點分析

(一)對廠商的毛利率必然會下降（如過去毛利率 30%，今天打 9 折活動，毛利率就會降為 20%）。因此，如果折扣活動不能使營業額顯著擴大成長時，則可能會損及獲利結果。

(二)折扣活動畢竟會降低獲利，成本代價高，因此不能經常舉行，不像其他贈品活動，可以有名額限制或獎品餘額控制。

(三)折扣活動如果折扣幅度太小時（如 95 折），亦可能引不起消費者太大的注意。

## 四、效果（效益）分析

折扣促銷活動的效益，應該算是最高與最大的，因此才會被很多廠商及百貨公司高度運用。

### (一)營業額成長必須大過毛利額的減少

前面已經說過，折扣活動會損及毛利率（毛利額）。但是如果營業額的增加，大過於毛利額的減少，那麼總獲利額還是會增加的，促銷的總效果亦算是達成的。茲舉例來說，假設某化妝品廠商：

1. 過去每一天的平均營收額如果是1,000萬元，一年是36億元營業額，在毛利率30%下，毛利額每天賺約300萬元（1,000萬元×30%=300萬元）。

2. 現在，如果採取9折促銷價，使每天平均營業額衝到（成長）2,000萬元（即增加1,000萬元），則在毛利率下降到20%下，毛利額每天約為400萬元（2,000 萬元×20%=400萬元）。

3. 因此，毛利額平均每天增加100萬元，七天折扣期下來的結果，將增加700萬元的毛利額收入（100萬元×7天=700萬元）。亦即，此折扣促銷活動的總獲利額，將會增加700萬元。

4. 當然，假設還有一些廣告宣傳費用，還必須把它扣除。假設是500萬元廣告費用，那麼此廠商淨獲利減少為200萬元（700萬元－500萬元

＝200萬元）。

5.另外，假設廣宣費用超過700萬元，那麼扣除之後，此次的促銷活動效益成為負數而沒有利潤了。又假設如果業績沒有顯著增加，那麼也可能會是負數。

### (二)營業目標成長的效果

有時廠商或零售業者的折扣戰促銷，並非完全想要獲利，而是說公司有營收目標達成度的壓力，或使命要求，或是市場股價維持因素等，而不得不下猛藥，打出一年一度的折扣戰以刺激買氣，並達成公司營收預算使命。

### (三)現金流量增加的效果

另外，有些廠商在年終現金吃緊的狀況下，亦有可能暫時犧牲掉毛利率，而以追求「現金流入」（cash-flow-in）為當時的最大財務資金週轉需求目的。而折扣戰啟動，亦確實能刺激買氣或擴大每日營收額，達成現金流量增加的效果。

### (四)庫存（存貨）降低的效果

庫存（存貨，stock）問題，一直是生產廠商與進口代理廠商最頭痛的大問題。如果面臨景氣低迷或競爭品牌價格競爭，或是品類規劃不當、不易出清銷售時，業者也經常以折扣戰，如7折、6折、5折（對折）等殺出，以求出清庫存，減少資金被庫存貨積壓，而多少拿回一些資金週轉使用。

## 五、折扣促銷執行的注意要點

在執行折扣促銷戰規劃的時候，可能要注意到或分析評估到以下值得思考的要點：

(一)嚴格來說，折扣戰是下猛藥販促行動，雖屬有效，但也會吃掉毛利率，最後算起來也可能是不賺錢的促銷活動。因此，不能常常採用，只有在重要節慶或重要時機點時，才啟用此項活動。

(二)雖然折扣促銷非常普及，但是對於高價位的國外名牌精品，例如：LV、Prada、Fendi、Gucci、Chanel、Dior、Tiffany等諸多品牌商品，通常都不太可能會進行打折活動，因為它們的目標顧客族群非常小，卻也是非常頂級的有錢人，並不會在乎是否有打折活動。反而經常性的打折，會傷害它們既有的品牌形象。

(三)折扣率必須要大一些，如果折扣率太少，吸引力必然不會好，很難達到原先預期的目的。尤其現在國內大多數顧客已被養成吃重口味，折扣幅度不大，根本是無效的。因此，一般來說，如果是高價位或較大消費金額的，例如：化妝品、保養品、女仕服飾、珠寶鑽石、皮件、女仕鞋等，至少要打 9 折到 8 折才會有吸引力。如百貨公司一樓化妝品在週年慶時，打出了全館 9 折的號召力。但如果是低價位或較小的消費金額時，折扣率的範圍可能就必須再放大些，通常是8折到6折都有。

(四)折扣的期限問題。一般來說，至少都有七天（一週）以上，也有很多例子是延長到十四天（二週），甚至是一個月都有。這跟公司的營收目標、營運背景與目的、階段的不同任務及當前的問題，以及競爭對手的行動等因素都有相關。

(五)折扣價必須「誠實」折價才可以。廠商不可以將價格標籤撕下，更新上新的較高價格，這是嚴重違反廠商的信譽及形象的。廠商是要做永遠的生意，而不是欺騙一時的生意。

(六)折扣推出的時間點，或稱時機，也是值得分析的。在國內，廠商最常見到的，就是配合大型零售通路的促銷活動或是週年慶等，而被要求做折扣活動。因此，廠商常是配合不同的百貨公司（如新光三越、SOGO、101購物中心、京華城、微風廣場、遠東百貨……）、不同的量販店（如家樂福、大潤發、愛買……）、不同的超市（如全聯福利中心、頂好惠康……）、不同的便利商店（如7-11、全家、OK……）主流零售公司的要求，而配合推出折扣活動。

(七)在進行折扣行銷活動時，應在事先、事後評估好「成本效益分析」，希望達成有獲利性的折扣促銷活動。換言之，應該訂好希望達成的營收額增加比例或成長倍數。

(八)廠商做折扣活動前，應先決定好哪些品類可以做折扣戰，並不一定全部產品都要同時做折扣活動。好賣的、不好賣的、既有產品的、新產品的等，都可以混合一起評估及規劃，哪些產品是要納入折扣優惠活動的。因此，這要看各公司的不同條件及狀況才能做決定。

(九)折扣活動的適用地區，包括是全國性活動，或是各地區輪流舉辦活動，或是各單店活動等，也必須加以思考什麼方式是最好的組合。

(十)廠商折扣活動，為了補回暢銷商品的折扣毛利率損失，經常會有

「套裝組合」產品才能打折，將不同毛利率的產品組合在一起，或是各種好賣及不好賣的產品組合在一起，也是經常採用的變化做法。

(十一)此外，有時候對於某項特別暢銷品或高單價品的折扣，亦會有「限時」、「限量」的限制措施，否則增加太多的毛利率，廠商恐有血本無歸之虞。

## 六、三種狀況下的促銷活動效益分析

| | 狀況1（效果差） | 狀況2（效果普通） | 狀況3（效果好） |
|---|---|---|---|
| (1)過去平均每月營業收入額（業績） | 1億 | 1億 | 1億 |
| (2)採取促銷活動後，那一個月的業績額 | 1.5億（業績成長5%） | 1.75億（業績成長75%） | 2億（業績成長100%） |
| (3)毛利率變化（打出9折活動） | 30%→20% | 30%→20% | 30%→降為20% |
| (4)毛利額變化 | 過去：1億×30%＝3,000萬 現在：3,000萬元 毛利額增加：0元 | 過去：1億×30%＝3,000萬 現在：3,500萬元 毛利額增加：500萬元 | 過去：1億×30%＝3,000萬 現在：2億×20%＝4,000萬元 毛利額增加：1,000萬元 |
| (5)廣宣費用支出 | 500萬元 | 500萬元 | 500萬元 |
| (6)淨獲利增加（扣除廣宣費用後） | 0－500萬＝－500萬 | 500萬－500萬＝0元 | 1000萬－500萬＝500萬 |
| 小結 | ·狀況1：扣掉廣宣費用後，反成為虧損狀況，顯示提升50%業績仍然不夠。 | ·狀況2：表現平平，不賺不賠，只賺到營收增加及現金流量增加。 | ·狀況3：表現不錯，賺到營收增加及獲利增加。 |

## 七、結語

以折扣為主要訴求的促銷活動已日益普及，還因此形成促銷方式中的最大主流模式，也是廠商及零售通路業者面對景氣低迷及刺激買氣的首要思考做法。

## 八、節慶促銷實例
### 〈實例1〉 新光三越 ── 初夏購物節

企劃重點

1.在春夏之交的4月分淡季，推出購物節促銷活動。

2.時間為期11天，算是長天期的促銷活動。

3.主軸為百貨及服飾項目，均為8折起的折扣促銷。

4.此外，還搭配其他促銷誘因，包括刷卡來店禮、六期零利率分期付款、集點送、滿5,000元送500元等完整計畫。

## 〈實例2〉 SOGO —— **母親節感恩回饋**

## 企劃重點

1. 為慶祝母親節的檔期活動，推出全館以8折促銷為主軸的節慶促銷計畫。

2. 時間長度為6天，以母親節之前的時間為主。

3. 除全館8折活動外，還搭配六期免息分期付款、超市Happy Go卡點數加倍（滿1,000元以上）、購物滿8,800元即贈電燉鍋，以及四家銀行的刷卡贈品的促銷誘因。

4. 刷卡贈品

　(1)花旗銀行：當日刷卡累積滿2,888元，即可兌換小熊維尼便當盒一個。

　(2)中國信託銀行：當日刷卡累積滿5,000元，即可兌換甜心熊手鍊鑰匙圈一個。

　(3)國泰世華銀行：當日刷卡累積滿1,000元，即可有機會刮中10萬元SOGO禮券一張；滿2,000元，即有二張禮券。

## 〈實例3〉 康是美歡慶週年，限時折扣

企劃重點

1. 康是美藥妝店為慶祝週年慶，推出限時折扣的促銷活動。

2. 折扣商品視不同產品線而有不同的廠商配合，包括：

(1) 護唇商品：全面6折起，因單價低，毛利率高，故折扣大。

(2) 保濕精華液：全面88折起。

(3) 保健食品及維他命：全面9折起。

3. 此外，也配合其他促銷誘因，包括：

(1) 刷卡滿3,000元以上，即可享六期無息分期付款。

(2) 買就送活動，例如買露得清5片裝面膜，即贈送細白修護面膜1
片；買開架保養品，即贈送淨白雙重高效美白精華露2*ml*一小包。

(3) 中國信託銀行信用卡卡友的貼心折價券消費使用，能夠「一折再
折」。

## 〈實例4〉 新光三越跨年慶，冬換季5折

### 企劃重點

1. 新光三越在12月底，為慶祝跨元旦新一年，推出跨年慶冬換季活動，並以5折冬換季服飾商品為訴求主軸。

2. 期間為12月24日到1月3日，合計約10天左右的促銷期。

3. 此外，還配合刷卡5,000元以上，即可得到即時樂一張的抽獎券；以及消費滿1,000元，可憑發票到贈品處兌換點數，滿1,000元即得1點，集滿20點（即消費滿2萬元），即可兌換各式精美小家電及精美贈品。

4. 另外，在信義區的分館也推出聖誕夜報佳音特別活動、爵士樂演奏活動，以及相約歡唱到天明的跨年晚會活動（Energy New Year）。

5. 跨年慶活動以全省各分館同步舉辦推出。

## 〈實例5〉 新光三越週年慶促銷活動

## 企劃重點

*1.*新光三越臺北站前店在年底推出週年慶活動，主打全館8折起活動。其中，流行服飾還有6折起、內睡衣8折起，以及超市9折起活動。

*2.*週年慶活動係各分館分別輪流推出，以持續長時間的買氣。

*3.*此外，還推出下列搭配性促銷誘因，包括：

　(1)化妝品區，9折起+贈品。

　(2)卡友刷卡來店禮，購物滿2,000元，再送200元折抵券。

　(3)全館當日單店消費發票累計滿1,000元以上，即可兌換1點，集滿5點（即購買5,000元以上），即可兌換小家電贈品。

## 〈實例6〉全國電子會員招待會，換季出清

### 企劃重點

1. 全國電子在11月分舉辦會員招待會，推出只有5天的換季出清活動，主打精選展示品5折起活動。

2. 但展示商品不適用零利率分期付款，並且數量有限，售完為止。

3. 音響商品全面6.7折起，以及小家電產品全面7.5折起，再享終身免費保固。

4. 此外，還有全商品的十二期零利率付款活動，以及高價的液晶電視、電漿電視均有三十六期零利率。

5. 還有抽獎活動，頭獎得主將可獨得：全國電子公司股票10,000股（即10張）+100萬現金的驚人大獎。二獎則有10名，可得全國電子股票乙張。抽獎資格是會員來店單次購物滿2,000元以上，即可有一張抽獎券。

6. 此活動期間為25天之久。

7. 依稅法規定，如贈品價值超過13,333元，中獎者須先支付15%稅金，將於年底奉寄扣繳憑單。

8. 股票股價則為抽獎日期前一週的平均價為準。

9. 中獎名單將於全國電子公司網站公布，中獎者將專函通知。

## 〈實例7〉 SOGO百貨公司歡樂繽紛週年慶

企劃重點

1. SOGO百貨公司推出歡樂繽紛週年慶活動，並以全館同慶8折起為主軸活動。

2. 週年慶活動時間為11月11日到22日，為期12天的長促銷活動計畫。

3. 搭配強力特別獎100萬元禮券的抽獎活動，以刺激買氣及來客人潮。

4. 此外，亦配合刷卡友禮、分期零利率、消費滿5,000元以上即贈送好禮等活動。

## 〈實例8〉東森電視購物週年慶全面「5利放送」，2億元驚喜大轟炸

企劃重點

1. 東森電視購物五週年慶推出全面「5利放送」2億元驚喜大轟炸促銷活動，主要以新品首賣75折為價格誘因的主軸。

2. 此外，並搭配其他促銷誘因，包括：

   (1)只要買，就送價值5,000元優惠券。

   (2)消費滿五次以上，即可參加抽獎，有機會成為消費額還本百分之百的幸運兒。

   (3)刷三家銀行信用卡，單品刷5,000元以上，即可享二十四期零利率。

## 〈實例9〉 頂好超市挑戰量販價

企劃重點

1. 頂好超市推出挑戰量販店價格的促銷活動。

2. 特價期間為4月22日到28日為止,為期一週。

3. 此活動,以統一鮮奶、上品米、巨峰葡萄及五月花衛生紙等商品特價優惠為主軸。

4. 頂好超市的自有品牌名稱為「No Frills特惠牌」,並以特惠牌衛生紙第二件起打9折為促銷。

# 〈實例10〉Miss Sofi女仕鞋全面8折起

企劃重點

1. 國內廠商自創品牌的Miss Sofi女仕鞋及皮包，推出全面8折活動。

2. 期間為4月15日到5月8日的長時間折扣促銷期。

3. 並配合加勒比海旅遊的抽獎活動。

4. 在通路配合方面，計有臺北、臺中的直營門市，以及全省15家百貨公司專櫃推出。

# 〈實例11〉衣蝶百貨十週年生日慶

## 企劃重點

1. 衣蝶百貨公司推出十週年生日慶活動。

2. 全館在4月15日到5月8日期間，均有20%的折扣優惠。

3. 並搭配下列促銷項目：

   (1) 十二期分期零利率。

   (2) 分期刷6,000元，送150元商品禮券。

   (3) 當日消費滿3,000元，即可參加抽獎活動，有機會抽中10萬元購物金或五大亞洲都市尊貴旅遊等多項好禮。

   (4) 化妝品及內衣專櫃，購物滿2,000元，即送250元。

## 〈實例12〉生活工場十一週年慶，全面8折

### 企劃重點

1. 生活工場連鎖店推出十一年慶，並以全面8折為促銷訴求重點。

2. 期間為10月28日到11月14日的長天期活動。

3. 除特價品9折外，凡持貴賓卡及金卡會員再享95折。

4. 此外，並週週抽出十一臺光陽機車，連抽九週，High翻天。

5. 會員除到生活工場外，在關係企業的Living plus門市專櫃及暢貨中心消費，均可適用。

6. 會員消費滿500元，即送100元抵用券。另外，還有以超低價17,400元，加價購買東京五日雜貨之旅自由行活動。

7. 生活工場此次活動為百萬會員同樂會。

# 〈實例13〉 新光三越信義新天地館週年慶

## 企劃重點

1. 此次週年慶期間有特別營業時間，自早上11點到晚上10點半。

2. 以全館8折起為主訴求。

3. 另外搭配滿2,000元送200元、卡友刷卡來店禮、六期零利率、集點活動，以及優質精品特別折扣推薦等。

## 〈實例14〉 東森購物會員半價日，黃金商品5折回饋

### 企劃重點

1. 東森購物1、2、3、5臺、型錄、www.etmall.com.tw火力全開。

2. 回饋方式計算範例：一次付清購買東森價10,000元起之商品，即回饋5,000元購物金，相當於5折購買。

3. 注意事項：

(1)購物金等同現金，可以1:1等值兌換東森購物商品，回饋之購物金將於三週後加給至顧客的帳戶中心，會員卡會員以扣除優惠後之最終成交價的50%回饋購物金。

(2)「一次付清」為顧客使用信用卡、禮券、轉帳、劃撥及貨到付款方式，將商品款項以不分期方式一次全數付清。

(3)本次活動不可使用各式折價券或優惠券。

(4)置入之黃金商品以東森購物各臺播出為主，顧客可同時於東森購物型錄、東森購物網路商城（www.etmall.com.tw）購買該項黃金商品，同樣享有東森價50%回饋金額，但僅限當日（全日）有效。

(5)最終活動方式以每次現場節目為準。東森購物保留隨時修改、變更及終止活動辦法與條款之權利。

## 〈實例15〉OSIM按摩椅——元氣祈福，9折迎新

企劃重點

1. 來店消費，即贈「健康元氣御守」。

2. 購買iSense，一次付清，現享9折優惠。

3. 頭款292元，月付699元，零利率零手續費，輕鬆擁有iSense。

## 〈實例16〉 7-11貢寮國際海洋音樂祭

企劃重點

・搭配台灣啤酒全系列，任選三瓶83折扣促銷優待。

## 〈實例17〉 7-11國際製販同盟

企劃重點

1. 凡購買寶特瓶飲料任選二瓶，即有機會抽1折，還有免費零食、折扣隨你抽。

2. 活動期間為7月7日到8月3日止。

## 〈實例18〉中國信託Wish現金卡，「省利988」讓負擔變輕了

### 企劃重點

1. 誰說現金卡利率一定是18.25%？中國信託Wish現金卡「省利988」，打破單一利率計息規則，年利率一開始就是15.88%，你用愈多，利率就會一路跟著調降，最低居然降到9.88%。利率這麼有彈性，用多少都划算！

2. 另外，還提供「固定利率」的選擇，現在辦卡就送前二個月0%利率。

🏆「省利988」方案利息與費用說明

幣別：新臺幣

| 當日借款餘額 | 全案適用年利率 | 帳戶管理費 |
|---|---|---|
| 50,000元（含）以下 | 15.88% | 新臺幣988元 |
| 50,001元至100,000元 | 13.88% | |
| 100,001元到150,000元 | 11.88% | |
| 150,001元（含以上） | 9.88% | |

註：「省利988」方案次年起將收取轉期費988元，並於每年繼續延長借款期間時，逐年收取乙次。

## 〈實例19〉 OKWAP金好禮──愛戀金誓

企劃重點

· 即日起至5月底止，出示OKWAP手機，至全省「愛戀金誓」門市即享有9折優惠。

〈實例20〉 申辦中信銀行JCB白金卡，享樂東京五天四夜，只要
8,999元起

企劃重點

1. 凡於12月15日前刷JCB白金卡購買日本行程，均享卡友優惠價，更可享受三期零利率優惠：
   (1) 東京五天四夜自由行（機+酒）NT$8,999起（迪士尼門票優惠加購價1,800元）。
   (2) 福岡五天四夜自由行（機+酒）NT$8,999起。
   (3) 另有多種日本優惠行程供顧客選擇。

2. 5月1日到8月30日刷中信JCB白金卡，每滿500元就有一次抽獎機會，刷愈多，中獎機會愈高。

3. 6月1日起天天抽三陽Mio50機車（共66輛），月月送TOYOTA VIOS 1.5E汽車（共3輛）。

## 〈實例21〉遠東百貨新概念店（寶慶FE21'）本日全館全新開幕

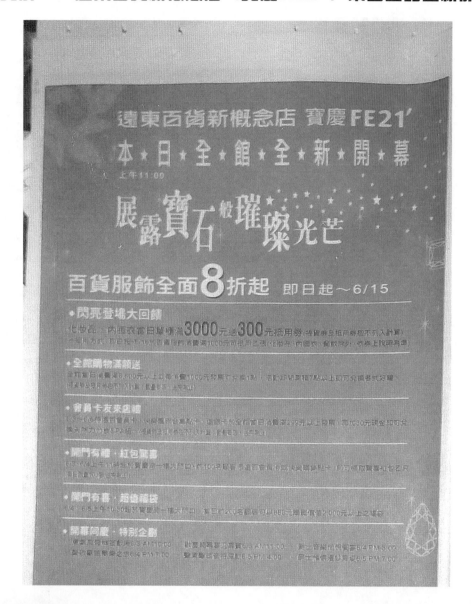

企劃重點

1.主打百貨服飾全面8折起。

2.此外，也有搭配其他多重的促銷活動，包括：

(1)閃亮登場大回饋：

化妝品、內睡衣當日單櫃滿3,000元送300元抵用券（提貨券及抵用券恕不列入計算）。

抵用方式：即日起至6月16日於百貨服飾消費滿1,000元可抵用乙張（化妝品、內睡衣、餐飲除外，依券上說明為準）。

(2)全館購物滿額送：

全館當日消費滿6,600元以上或每消費1,000元發票可兌換1點，活動期間累積7點以上即可兌換各式好禮（提貨券及抵用券恕不列入計算；數量有限，送完為止）。

(3)會員卡友來店禮：

6月3日到6月5日持遠百會員卡、快樂購聯合集點卡、遠銀卡於全館當日消費滿299元以上發票，再加30元現金，即可兌換天然力竹炭SPA組（提貨券及抵用券恕不列入計算；數量有限，送完為止）。

(4)開門有禮，紅包驚喜：

6月3日、6月4日上午11時起於寶慶路一樓大門口，前100名顧客憑遠百會員卡或快樂購集點卡，即可領取驚喜紅包乙只（每日限量100個，送完為止）。

(5)開門有喜，超值福袋：

6月4日、6月5日上午10:30起於寶慶路一樓大門口，當日前200名顧客可以888元購買價值2,000元以上之福袋。

(6)開幕同慶，特別企劃：

・意氣風發祥獅獻瑞 6/3 AM10:00。

・歡慶開幕喜迎嘉賓 6/3 AM11:00。

・爵士音樂愉悅饗宴 6/4 PM3:00。

・樂歌華舞嚮樂之旅 6/4 PM7:00。

・聲東擊西音符躍動 6/5 PM4:00。

・爵士情懷漫妙舞姿 6/5 PM7:00。

## 〈實例22〉 東森購物年中慶，火力全開，黃金商品5折回饋

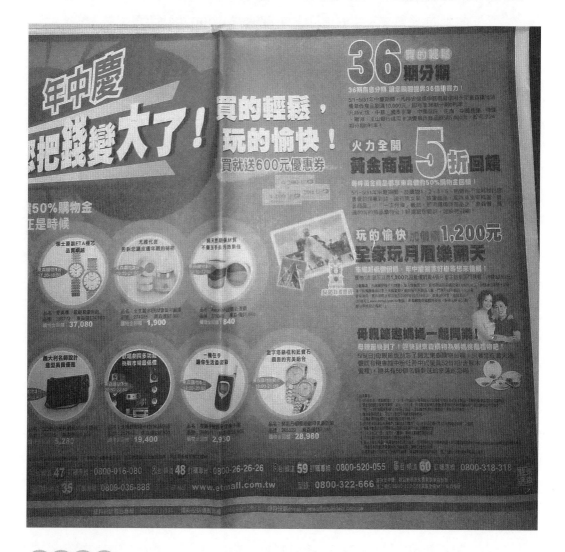

企劃重點

*1.*每件黃金商品都享東森價的50%購物金回饋！

　5月1日到5月31日年中慶期間，於購物1、2、3、5、熱銷臺不定時推出顧客喜愛的保養彩妝、流行男女裝、珠寶飾品、風味美食等精選「黃金商品」。「一次付清」繳款，即可獲得該商品之「東森價」高達50%的商品購物金！

*2.*注意事項：

　(1)5月1日到5月31日止，東森購物1、2、3、5、熱銷臺，每天每臺不定時各推出多項黃金商品，回饋原價（東森價）50%購物金。

(2)黃金商品限以東森價購買，並以一次付清，方可享有該商品原價
（東森價）50%的回饋金額，並以購物金方式給付（例如：一次付
清購買原價10,000元之商品，即回饋顧客5,000元購物金，相當於
5折購買）。

(3)購物金等同現金，可以1:1等值兌換東森購物商品。

(4)回饋之購物金將於三週後加給至顧客的帳戶中。

(5)顧客仍享有該商品本身既有之購物金回饋及「以IVR語音訂購可享
120元購物金回饋」之優惠。

(6)會員卡會員以扣除優惠後之最終成交價的50%回饋購物金。

(7)「一次付清」含：信用卡、禮券、轉帳、劃撥及貨到付款。

(8)本次活動不可使用各式折價券或優惠券。

(9)置入之黃金商品以東森購物各臺播出為主，顧客可同時於東森購
物型錄、東森購物網路商城（www.etmall.com.tw）購買該項黃金
商品，同樣享有原價（東森價）50%回饋金額，限當日（全日）有
效。

(10)最終活動方式以每次現場節目為準。東森購物保留隨時修改、變
更及終止活動辦法與條款之權利。

〈實例23〉 太平洋SOGO百貨推出歡樂購物嘉年華活動，
全館百貨8折起促銷活動

〈實例24〉 燦坤3C大賣場推出教師節9折起優惠促銷活動

## 九、週年慶實例圖片專輯

圖2-1

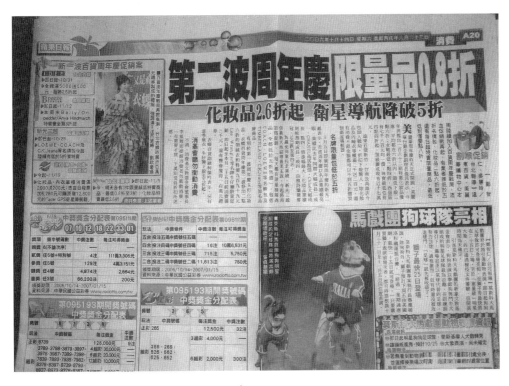

圖2-2

🍎 圖2-3

🍎 圖2-4

圖2-5

圖2-6

圖2-7

圖2-8

🍎 圖2-9

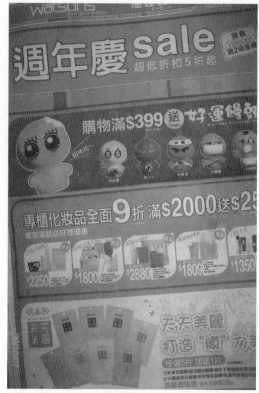

🍎 圖2-10

🍎 圖2-11

🍎 圖2-12

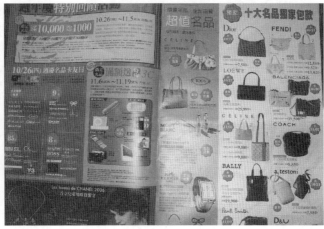

 圖2-13

圖2-14

圖2-15

圖2-16

圖2-17

圖2-18

圖2-19

圖2-20

# Chapter 3 無息（免息）分期付款促銷活動

## 一、應用時機

無息分期付款的促銷方式，在近幾年來，已成為熱門且普及化的促銷有效工具。

(一)它主要是配合廠商在進行促銷活動時，都可以做有力的搭配，包括各種週年慶、折扣戰、特賣活動、節慶活動時，均可看到它的使用。

(二)現在很多百貨公司、3C連鎖通路、量販店、購物中心、電視購物、型錄購物、汽車銷售公司、家電公司、國外旅遊等，均經常使用此促銷工具。

## 二、優點

(一)無息（免息）分期付款促銷活動，已被證明是有效的促銷工具。尤其在現今極低利率的金融環境下，廠商較能負擔銀行利息的支付。

(二)此種促銷工具，對於高總價的耐久性產品尤為有效，包括大家電、通信手機、資訊電腦、數位相機、音響、傢俱、名牌精品、鑽石、化妝品、保養品、汽車、機車等均是。

## 三、對消費者的誘因最大

無息分期付款可以分期支付，又可以購入使用，因此對廣大中低收入的上班族及家庭主婦而言，是很大的誘因。

‧舉例

一部NB完整配備電腦，如果一次支付要20,000元，和一年十二期支付，每月只支出1,600多元相比，當然差別滿大。

・舉例

一部50萬元的汽車，年輕人一次支付自然有困難，但如果能夠五年六十期支付，平均每個月支付約9,000多元，就比較付得出來，自然會提高購買誘因。

## 四、缺點

(一)廠商或零售流通業者必須負擔銀行分期付款的利率成本。一般要看期數的長短而定，期數愈短者，利率愈低；期數愈長者，利率愈高。一般而言，大概在5～8%之間。但這一個利率成本負擔，亦會增加產品的毛利率，使毛利率下降。例如：過去產品毛利率如為30%，現在扣掉利率5%成本後，可能只剩下25%的毛利率了。

(二)當然，有些廠商也會動些手腳，先把價格提高5%，然後再放出無息分期付款，但此舉可能會影響產品銷售的價格，而且公司的信譽也會受到損害，不值得如此做。

(三)但不管如何，廠商不可能長期不賺錢，故他們會想方設法，把此利率支付，算入產品成本內或行銷費用之內。

(四)當然，有些大型連鎖通路公司，也會透過雙方的談判，要求銀行自行吸收，以負擔三分之一或二分之一的利率成本。

## 五、外部配合單位

促銷時，必須找外面金融機構及信用卡部門配合，雙方的分期扣帳資訊系統及信用額度連線查核系統，都必須由資訊部門規劃安排。一旦資訊系統設置上線準備妥當之後，即可進行促銷活動。

## 六、對廠商及零售流通業者的效益

(一)最主要的效益，是在於能夠有效地拉抬公司業績一至三成，甚至到四成。只要營收額及毛利額成長的幅度及金額，大過於利率成本的負擔支出，即算是有效益的促銷工具。

(二)目前已有電視購物、網路購物、百貨公司、汽車公司、量販店、資訊3C賣場等全面性率先使用無息分期付款的促銷工具，顯示它的正面性效益是大於成本負擔的。

## 七、對銀行業者的效益

此種促銷工具將使銀行的刷卡金額能夠增加，而帶來兩項收入的增加，包括：

(一)信用卡刷卡手續費（約1.5%）收入增加。

(二)刷卡分期扣帳的利息收入，亦增加了（約5～8%）。

### ‧舉例

假設某銀行與某大電視購物公司或若干廠商配合無息分期付款促銷活動，如果一年下來，刷卡分期購物的年度總額達到50億元，則該銀行的收入為：

(1)50億元×1.5%刷卡簽帳手續費=7,500萬元收入。

(2)50億元×5%分期付款利息=2.5億元收入。

合計：3.25億元的合作收入

即使再扣掉銀行的人事成本、管理費用及存款額資金成本，仍然賺了不少。

上述也說明了，銀行業者從最早的觀望，到目前一窩蜂投入配合的現況中，可以得到證明：銀行業者從此消費金融生意中，是可以獲利的。當然，現在大型零售流通業者，例如：像新光三越、SOGO百貨、家樂福、燦坤3C等業者，也會與銀行談判，要求分期付款的利息負擔，採取各自分攤二分之一的要求，以降低零售業者的成本支出，也減少了銀行的收入，銀行也不得不做配合，只是少賺而已。

## 八、執行注意要點

(一)廠商或零售流通業者在和銀行談判時，應努力爭取到更低、更好的利率負擔成本，以避免吃掉太多毛利率。例如：如果利率負擔是4%和6%，多2%，如果是100億元的刷卡額，就是差2億元的利息成本支出。

當然，這方面必須是大廠或大零售流通業者才有能力和銀行談判的。

(二)由顧客信用卡所產生的呆帳，應談判由銀行或廠商負責。國內一般來說，此種呆帳率算是不太高的。因為銀行有風險控管的機制。

(三)有少數大型連鎖零售業者的分期付款促銷活動，其利率負擔都是讓產品廠商及銀行業界兩者負擔。

(四)由於競爭日益激烈，無息分期付款的期數愈拉愈長，從三期到六期、九期、十二期、二十四期、三十六期、四十八期、六十期等，顯示國內行銷促銷環境非常重口味，廝殺已白熱化。像汽車銷售公司就延長到四十八期、五十期。

(五)此種促銷工具必須在信用卡流通及使用非常普及的國家及市場才可以。

(六)最後，無息分期付款由於成本負擔沉重，不一定要全產品全面性的實施。可以配合某些行銷目標及條件下，而對部分重點促銷性商品或是在部分期限下，才執行無息分期付款活動，以避免吃掉太多毛利率，而又無法刺激買氣，致使虧錢促銷。例如：百貨公司通常在年中慶及週年慶時才實施。

(七)當然，廠商找銀行配合，最好找前十大信用卡銀行為佳，因為便利於消費者。

## 九、實例

### 〈實例1〉全國電子獨家全系列24期零利率

企劃重點

1. 全國電子為慶祝中秋節，推出為期兩週的二十四期零利率活動，產品別包括電視、冰箱、洗衣機、桌上型電腦、數位相機及攝影機等。
2. 另外，在液晶電視及電漿電視等較高單價的家電品，則採取更長天期的三十六期零利率促銷優惠。
3. 但申辦零利率分期付款者，則不再贈送禮券。

## 〈實例2〉 燦坤3C店推出全商品36期輕鬆付

企劃重點

1.燦坤3C店在3月5日至3月11日推出特價期間，並主打三十六期長天數的零利率輕鬆付方式，以刺激買氣。

2.但此活動只適用安信卡卡友，且須持有燦坤會員卡者，同時三十六期的手續費須由消費者自付，手續費為每分期金額的0.5%。

## 〈實例3〉全國電子推出年終大特賣全商品12期零利率

企劃重點

1.活動期間：即日起至12月8日止。

2.全系列商品均為十二期零利率。

3.此外並搭配特賣優惠價格促銷，以及小家電終身免費保固的措施，並
宣示買貴主動退差價行動。

4.另外，亦配合會員買就送禮券（100～250元）之促銷優惠。

## 〈實例4〉 BMW推出120萬60期（5年）零利率優惠分期付款活動

汎德公司限量推出──
# BMW 318i「120萬60期0利率」活動

**BMW 318i全面升級「M勁裝版」**
**立即擁有只需月付NT$19,999元**

---

### 企劃重點

・強調每月只需付19,999元（不到2萬元），連續付五年。

## 〈實例5〉 燦坤3C推出15期零利率

企劃重點

1. 視不同品牌及家電產品的不同，而有不同的分期零利率。例如：三星
   42吋電漿電視即為三十六期零利率，平均每月只須付2,750元，連續
   付三年。此外，並推出會員促銷價9.9萬元。

2. 另外，亦推出全民查價A電漿的宣傳口號，保證是同業的電漿電視最
   低價。

3. 另外，LG品牌的42吋電漿電視，還搭配買就送2,000元燦坤現金禮
   券，作為LG產品強力促銷。

## 〈實例6〉 花旗信用卡推出各大百貨公司購物享分期，並贈送好禮

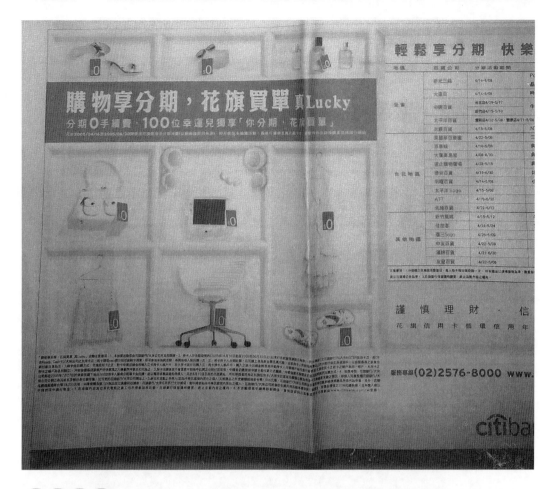

### 企劃重點

1. 花旗信用卡為促銷卡友刷卡，與臺北地區及全省各大百貨公司計二十多家，合作零利率分期付款優惠活動。

2. 活動期間為4月16日到6月30日為止，長達兩個半月之久的促銷期。

3. 彙整表明細如下（花旗信用卡與各大百貨公司合作）：

#### 🛒 輕鬆享分期　快樂拿好禮

| 地區 | 百貨公司 | 分期活動期間 | 分期禮 |
|------|---------|------------|--------|
| 全省 | 新光三越 | 4/14～5/08 | Pork Chop & Friends傘或晶亮手提包乙個（5/03～5/08） |
| | 大遠百 | 4/14～5/08 | 吟采花蝶包乙個 |
| | 中興百貨 | 臺北店4/29～5/17 | 牛家族馬克杯乙組 |
| | | 新竹店4/15～5/17 | |

| 地區 | 百貨公司 | 分期活動期間 | 分期禮 |
|------|----------|--------------|--------|
| | 太平洋百貨 | 雙和店4/22～5/08、豐原店4/21～5/08、屏東店4/14～5/08 | |
| | 衣蝶百貨 | 4/15～5/08 | NT$150衣蝶商品禮券 |
| 臺北地區 | 美麗華百樂園 | 4/22～5/08 | 三杯三盤組乙組 |
| | 京華城 | 4/16～5/08 | 典藏咖啡杯組乙組 |
| | 大葉高島屋 | 4/08～6/30 | 典藏咖啡杯組乙組 |
| | 遠企購物廣場 | 4/28～5/15 | 典藏咖啡杯組乙組 |
| | 德安百貨 | 4/15～6/30 | 休閒太空杯乙個（4/15～5/08） |
| | 明曜百貨 | 4/14～5/08 | 小熊維尼毛巾吊環乙個 |
| | 太平洋SOGO | 4/15～5/08 | |
| | ATT | 4/15～6/30 | |
| | 先施百貨 | 4/22～6/12 | |
| 其他地區 | 新竹風城 | 4/15～5/12 | 牛家族馬克杯乙組 |
| | 佳世客 | 4/14～5/24 | Smiley手提袋乙個 |
| | 廣三SOGO | 4/26～5/09 | |
| | 中友百貨 | 4/22～5/09 | |
| | 漢神百貨 | 4/21～6/30 | 休閒太空杯乙個（4/21～5/08） |
| | 友愛百貨 | 4/22～5/06 | 休閒太空杯乙個 |

注意事項：

1.分期禮之兌換限消費當日，每人每卡每日限兌換一次。所有贈品以現場實物為準，數量有限，送完為止。

2.分期門檻、期數及活動辦法，依各百貨公司現場公告為準。

3.花旗銀行保留隨時變更、終止活動內容之權利。

## 〈實例7〉 東森購物年中慶

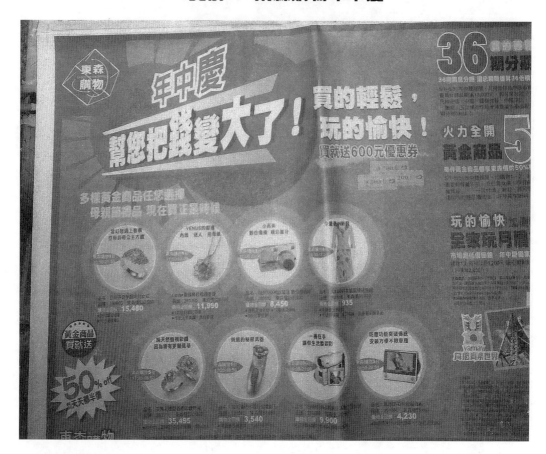

### 企劃重點

1. 東森電視購物年中慶，推出三十六期長天期的分期付款優惠促銷活動，以吸引買氣。
2. 另外，還推出黃金商品5折優惠活動。

# 紅利積點折抵現金或折換贈品促銷活動

## 一、紅利積點（集點）的呈現方式

紅利積點（集點）是目前普遍被使用的一種重要促銷工具。它的運用呈現方式有下列幾種：

(一)以信用卡為例，當卡友刷卡時，其刷卡額可以折抵為某些點數，當額滿多少點數時，即可向客服中心申請換得贈品，然後寄到家裡來。

(二)以台新銀行與燦坤3C的合作案來說，每滿1,000點（1點消費1元），即可抵60元現金，最多可折抵當筆消費的50%。此即以紅利集點抵換現金再扣抵某筆消費額，與前述的換贈品是不一樣的。

(三)大潤發量販店推出會員獨享紅利點數，可抵購物金額。

(四)以新光三越百貨公司為例，購物滿1,000元可得1點，必須有5點（即消費5,000元）或30點（即消費3萬元）或100點（即消費10萬元），才可以兌換不同點數的贈品價值。

(五)以頂好超市為例，每購滿100元，即送1枚印花，集滿15枚（即購物滿1,500元），即可用低價換購某一個產品。

(六)另有信用卡業者以每筆刷卡消費3倍紅利積分回饋，希望消費者儘快衝到這些點數目標，才可以換到贈品。

(七)近幾年，SOGO推出Happy Go快樂集點卡、家樂福推出好康卡、全聯推出福利卡等均非常成功且受歡迎，這些都是由於紅利積點能夠折換現金所致。目前，好康卡或福利卡的回饋，大致是消費1,000元，才得到3元，約為3‰的回饋率。

(八)紅利積點折抵購物現金的卡，英文稱為「cash back card」（現金退回卡），是一種「店內卡」的設計，而不是可以刷卡的聯名卡（信用卡），此兩種卡是不同的，故有店內卡之稱。是當前各大型連鎖零售通路所積極推動的，一方面是促銷卡、也是一種忠誠再購卡，卡的活用率達70%以上，是很高的，對零售商的穩定業績有重大貢獻。

(九)例如：SOGO的Happy Go卡已超過1,000萬張，使用活卡率高達70%以上，據悉SOGO百貨80%以上的業績及愛買量販店50%以上的業績，均來自於此卡的使用。家樂福的好康卡也發行了400萬張以上，使用效益也很成功。發行此卡，使這些零售業者掌握了消費者在消費時的資料情報。

(十)當然，另外也有信用卡業者基於方便性與實用性，將紅利積點應用在便利商店折換商品的方式上，也很受歡迎，這是因為便利商店的產品及其價格比較大眾化、實用化與日常化，比起過去要累積到很高點數才能兌換某一項贈品的方式，是一種很大的改進，也是顧客導向的實踐。

## 二、效益

(一)此種促銷有很大效果，廣為各大賣場及信用卡業者所選用，受到女性消費者很大歡迎。

(二)其實有些換贈品行為不是100%的，有些消費者，特別是收入高的男性，換贈品的比例是很低的。根據很多實例顯示，會換贈品的比例大概在20～40%之間而已。但折換現金比例，則高達90%以上。

(三)至於商品或零售流通業者，應該都把這些換贈品或折抵現金的成本計入。

## 三、注意要點

(一)業者現在都會要求消費者購滿多少之後，才會給予不同的贈品，而不是盲目的全部免費發送贈品，這是基於贈品成本負擔太重的考量所致。

(二)此種計畫必須配合公司內部資訊系統的及時更改才行，否則會把紅利點數亂掉。

(三)此種活動的贈品，其價值應該比較好一些，才不會像免費贈品那樣的低價且不太實用。

(四)不過，現在大部分業者均折抵現金，比較實惠有用，故已大幅成長為重要促銷工具了。目前折抵現金率大致是3‰。

## 四、缺點

紅利積點換贈品的活動也無法達到全面性的效果，因為有一部分人對於這些換贈品活動興趣缺缺，尤其是中年以上的男性。但折抵下次購物現金的興趣，則就提高很多，成為現在的主流操作方式。雖然此種折抵的比例算是低的，通常在3‰之間。換言之，如果您到家樂福累計購滿1,000元時，才有3元可折回，不過對家庭主婦而言，錢雖不大，但也值得折抵。

## 五、案例

# 信用卡紅利點數折換民生用品，大受消費者歡迎

經濟不景氣，民眾千方百計抗通膨，連信用卡點數都派上用場。最近兩年來，有多家銀行跟便利商店合作，可以直接用信用卡的紅利積點，兌換柴米油鹽醬醋茶，大受消費者歡迎，總計兩年下來被換走40億紅利點數。有銀行打算下一波跟賣場合作，刷卡換衛生棉等民生用品，相信又會掀起另一波兌換潮。

最先在超商做紅利點數換便當的中國信託也表示，從2010年11月推出紅利點數兌換現金抵用券後（250點紅利點數換25元或500點換50元），於7-11兌換紅利點數倍增，顯示紅利點數抵民生消費，真的是卡友最愛！至10月中旬最新數字，共被換走700萬筆、約33億點。

台北富邦的成果也很驚人，95年至今，總共被換走2億點，卡友最愛的就是超商內的現金折價券，因為折價券什麼都可以買。

| 兩年來紅利點數換柴米油鹽醬醋茶一覽 | | | | |
|---|---|---|---|---|
| 銀行 | 合作便利商店 | 可以換取的民生物資 | 兌換最低門檻 | 換走點數 |
| 國泰世華 | 7-11、萊爾富、全家便利商店 | 泡麵、飲料、零食、洗面乳、衛生紙、精鹽、報紙、週刊、超商現金抵用券等。 | 133點以上（各便利商店門檻不同） | |
| 中國信託 | 7-11 | 泡麵、飲料、零食、洗面乳、衛生紙、精鹽、報紙、週刊、超商現金抵用券等（商品每個月不同）。 | 150點 | 33億 |
| 新光銀行 | 7-11、萊爾富、全家便利商店 | 依便利商店各檔期提供商品不同，或現金折價券。 | 170點 | 1.1億 |
| 台北富邦 | 7-11、萊爾富 | 列印現金抵用券、飲料、鮮乳、咖啡、餐點、泡麵、零食、日用品。 | 350點以上 | 2億 |
| 台新銀行 | 7-11、OK、全家、萊爾富 | 柴米油鹽醬醋茶及所有的民生物資。 | 500點（30元現金抵用券） | 6億多 |
| 聯邦銀行 | 7-11、萊爾富 | 飲料、鮮乳、咖啡、餐點、泡麵、零食、日用品。 | 77點以上 | 3億多 |
| 永豐信用卡 | 自行跟銀行換紅利點數 | 花蓮富麗米一包。 | 3,850點 | 7,700萬 |

資料來源：各銀行（2013年10月）

## 六、實例

### 〈實例1〉現在刷中信卡，紅利點數，狂飆再加倍

**企劃重點**

1. 點點成雙：中信卡卡友連續5、6月帳單新增消費多1萬（含1萬元），紅利點數可再狂飆2倍！（消費金額不含：VISA金融卡、信用卡手續費及利息、預借現金及其手續費、刷卡買基金、繳稅、捐款之相關交易金額及費用）。

2. 母親節百貨公司優惠：持中信卡至下列店家消費，即可享點數狂飆2.5～5倍、刷卡滿額禮、六期零利率、即時折抵、停車優惠等多種好康。

| 百貨公司 | 活動日期 | 刷卡滿額禮 |
|---|---|---|
| 漢神百貨 | 4/25～5/2 | CAT DANCE甜心熊手鍊鑰匙圈組 |
| 大江購物中心 | 4/22～5/8 | 紅色不鏽鋼杯 |
| 臺北101 | 4/15～5/8 | 暖暖毛毯組 |
| 全省太平洋SOGO百貨 | 5/1～5/8 | CAT DANCE甜心熊手鍊鑰匙圈組 |
| 臺中德安購物中心 | 4/22～5/9 | 紅色不鏽鋼杯 |
| 廣三SOGO | 4/28～5/8 | 浪漫餐盤組 |
| 台茂購物中心 | 4/22～5/9 | 浪漫餐盤組 |
| 友愛百貨 | 4/22～5/8 | Chipie買物車 |
| 統領百貨 | 4/14～5/8 | 暖暖毛毯組 |
| 新竹風城購物中心 | 4/15～5/12 | Chipie買物車 |
| 中興百貨新竹店 | 4/29～5/10 | 手機套+鑰匙圈組 |
| 中興百貨復興店 | 4/29～5/17 | 浪漫餐盤組 |

詳細活動辦法，以各家百貨公司館內公告為準。

## 〈實例2〉 過年刷中信卡，到處吃紅，刷中信卡購物，十二大百貨春節優惠通吃

### 企劃重點

1.點數狂飆：單筆消費達到店家指定金額，紅利點數狂飆2.5～4倍。

2.即時折抵：單筆消費滿1,000元以上，紅利點數即可線上折抵刷卡金，最高抵20%

3.滿額好禮：當日累積刷卡滿額，即可獲得「2005太陽花碗組」。

4.VIP優惠：持中信卡刷卡消費，視為當店VIP購物，同享會員優惠。

5.停車優惠：持中信卡可同享停車優惠。

6.服務專線：0800-024-365。

上述活動內容適用範圍及活動辦法依各百貨公司館內公告為準。

### ♟ 十二大百貨優惠時程

| | |
|---|---|
| 大葉高島屋 | 2/6～2/10 |
| 漢神百貨 | 1/14～2/13 |
| 全省太平洋SOGO百貨 | 1/21～2/13 |
| 廣三SOGO | 1/28～2/6 |
| 台茂購物中心 | 1/28～2/13 |
| 統領百貨 | 1/30～2/8 |
| 中興百貨復興店 | 2/1～2/14 |
| 大江購物中心 | 2/5～2/13 |
| 新竹風城購物中心 | 2/4～2/13 |
| 友愛百貨 | 1/21～2/8 |
| 臺北101 | 2/1～2/14 |
| 臺中德安購物中心 | 1/21～2/8 |

## 〈實例3〉中國信託中油聯名卡，新戶獨享，首次加油優惠

### 企劃重點

1. 新戶辦卡買油金：新戶核卡後，於次月底前至中油加油站首次刷卡加油，當次汽油每公升回饋10元，回饋上限30公升。

2. 卡友辦卡賞點數：卡友加辦中油聯名卡核卡後，於次月底前至中油加油站首次刷卡加油，不限金額，送您紅利點數1,000點，每300點可折抵24元加油金。

3. 活動期間：2004年6月29日至8月31日止。

4. 注意事項：

   (1)回饋金及紅利點數皆列於刷卡次月的帳單中。

   (2)回饋金計算標準：以首次加油金額換算公升數（活動期間皆以92無鉛汽油每公升21.5元價格，推算回饋公升數，並以整數×10元回饋）。

   (3)同一新戶申辦兩（含）張以上中油卡（含正、附卡），僅回饋一正卡戶；申辦附卡、重複加辦或卡片升等，恕不贈送，且不適用同期間其他新戶活動。詳細辦法以本行公告為準。

## 〈實例4〉台新信用卡，紅利點數直接折抵旅遊消費

企劃重點

1. 好康享不完：94年6月1日至94年7月31日止，台新銀行信用卡紅利點數可於下列特約旅行社折抵旅遊消費，每1,000點折抵80元，最多可折抵當筆消費之50%，並可參加「紐西蘭北島八日遊單人旅遊券」抽獎活動。折抵後之單筆實際交易金額達NT$30,000（含）以上，還可獲贈「我的心遺留在愛情海」精選音樂CD乙張（贈品數量有限，送完為止）。

2.紅利點數加倍大方送：94年6月1日至94年8月15日，於下列特約旅行社刷台新銀行信用卡支付旅遊費用，紅利點數回饋加倍送。一次付清（含點點變現金），點數2倍送；分期付款，點數3倍送。

3.注意事項：

(1)同筆消費恕無法同時使用點點變現金及分期付款方式交易，且台新銀行美國運通金卡及玫瑰卡美國運通卡恕不適用。

(2)點點變現金活動對象為持有紅利點數1,000點以上之台新銀行信用卡正卡持卡人，附卡持卡人不得參加此活動。

(3)持卡人當次消費金額50%之範圍內，依持卡人現有紅利點數予以折抵，於本次活動期間每1,000點紅利點數（最小折抵單位為1,000點）可折抵消費NT$80（94年8月1日起，1,000點紅利點數則可折抵消費NT$60），以此類推，持卡人不得指定欲折抵之點數或金額。

(4)本活動抽獎資格認定以消費日為準，限正卡持卡人具抽獎資格，共計2個名額，於94年8月分以電腦抽獎方式抽出中獎人。中獎名單將公布於台新銀行網站，另以專函通知中獎人。台新銀行將依法代扣15%所得稅，中獎人需先行繳付稅金後方可領獎。

(5)本活動抽獎贈品之使用期限為94年12月31日，詳細行程內容及注意事項請見券上的說明及鳳凰旅行社網站www.phoenix.com.tw。

(6)紅利點數加倍大方送之額外贈送點數（點點變現金交易以折抵後之實際交易金額來計算），將統一於94年9月30日加入正卡持卡人點數帳戶中。

(7)台新銀行保留變更、終止本活動及同意信用卡持卡人參加本活動之權利。

## 〈實例5〉 母親節送好禮，優惠好處盡在新光三越

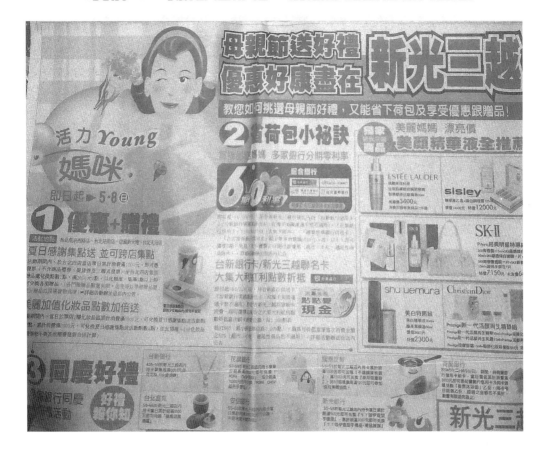

企劃重點

1. 即日起至5月8日止，活動地點：臺北南京西路店、臺北站前店、信義新天地、臺北天母店。

2. 夏日感謝集點送，並可跨店集點：活動期間內，於臺北四店當店單日累計消費滿1,000元，即可憑發票（不含商品禮券、提貨券及三聯式發票）至臺北四店當店贈品處兌換點數1點，滿2,000元2點，以此類推，集滿5點以上即可兌換各項贈品（各門檻贈品數量有限，送完得以等值贈品替代，贈品以現場實物為準），詳細活動辦法洽店內公告。

3. 美麗加值化妝品點數加倍送：活動期間內，當日於單店1樓化妝品區累計消費滿1,000元，可兌換夏日感謝集點送活動點數2點，累計消費滿2,000元，可兌換夏日感謝集點送活動點數4點，以此類推（1樓化妝品區發票恕不與其他樓層發票合併計算）。

〈實例6〉 某藥妝店推出「集點送」促銷活動，例如：消費滿199元可送1點，集滿10點（即消費滿1990元，贈送魚肝油一罐）

〈實例7〉 某速食餐廳推出集點送促銷活動

〈實例8〉全國最大的超市全聯福利中心推出「福利卡」（店內卡）的促銷活動，此種紅利積點以折抵現金為主

〈實例9〉家樂福好康卡推出自有品牌產品「好康卡紅利5倍送」的促銷活動

## Chapter 5 送贈品促銷

## 一、送贈品的執行方式

送贈品促銷的執行方式，大概可以區分為以下幾種：

(一)將贈品附在產品的包裝旁邊。此種做法希望增加消費者在銷售現場進行挑選（選購）時的刺激誘因。

(二)將贈品放在賣場的客服中心櫃檯，消費者在結完帳之後可至櫃檯換領。

(三)將贈品放在銷售專櫃旁或加油站旁，由銷售人員直接拿給顧客。

(四)有些廠商在報紙廣告上要求顧客必須填好「顧客資料名單」，並寄回公司後，才會領到贈品。

(五)另外，有些廠商則要求必須蒐集幾個瓶蓋或商標標籤後寄回公司，才會收到贈品。

(六)另外，有些型錄購物或電視購物廠商，則把贈品放在訂購產品的箱子內，寄到顧客家裡。

(七)再者，像有些百貨公司，在每年一次卡友「回娘家」活動中，直接到百貨公司賣場兌換，排很長的隊伍領贈品。

(八)大部分情況下，都是要求消費者購滿多少元之後，才會附贈贈品，畢竟，羊毛出在羊身上。

## 二、送贈品的規劃注意要點

(一)必須注意贈品價值大小與對消費者的吸引力程度。

(二)必須思考贈品應該具有獨特性、流行性及實用性。如果太過於一般性，消費者家裡可能就會充斥過多雷同的贈品，例如：很多個馬克杯、很多的玩偶狗。

(三)目前流行將贈品附在產品包裝上的方式，陳列在購買現場時，可直接吸引消費者的目光，進而刺激購買欲。這也是「店頭行銷」操作

的一種方式。

(四)贈品成本自然不能太高,尤其是一般的消費性產品的贈品,其成本應該都是在50元以內較常見。當然,像資訊、家電、品牌精品等的贈品成本,則因為其產品單價高,所以贈品成本可能會超過100元或200元,不妨送比較好的贈品給目標顧客或VIP會員顧客。

(五)贈品到底要訂購多少數量,也必須審慎思考。若訂太少,則單價成本不易壓低;若訂太多,則形成庫存壓力。這必須依賴於:(1)過去的經驗;(2)此次贈品的促銷活動規模大小;(3)以及贈品成本預算的空間大小等因素而定。

(六)現在贈品的採購及生產地來源,已大部分由臺商在中國大陸的生產工廠所供應,因此成本議價空間比較大。

## 三、贈品促銷的缺點

有些男性或年紀大的人或較高所得的人,對於50元以下的贈品促銷活動未必有太大的興趣。根據調查顯示,贈品促銷對家庭主婦群或是學生族群是比較有吸引力的。

一般來說,贈品促銷活動無法像折扣戰一樣那麼全面性,可以說是比較局部性的促銷活動;或者說它是一種輔助性的SP促銷活動方式。不過,對便利商店而言,經常舉辦大型的全店行銷活動,以消費多少元或集滿多少點數,即可兌換公仔或玩偶贈品,則是很常見的操作手法。

## 四、贈品促銷的成本效益分析

(一)贈品促銷的成本項目包括:

1. 贈品(產品)的採購成本。例如:送可愛玩偶狗50萬隻,每一隻玩偶狗的大陸代工成本為20元,則50萬隻的總換購商品成本,即為50萬隻×20元＝1,000萬元。

2. 如果不是現場發放或領取贈品,而是用郵寄的,不管是中華郵政或民間遞送公司,都會增加郵寄成本。

3. 另外,如果跟產品包裝附在一起,可能亦必須計算包裝成本的支出。

4. 最後,如果還必須貼上消費者的姓名及地址,不管是人工貼或是機器貼的,亦會增加「貼工」的支出。

(二)至於在效益方面,則要看送贈品的活動,可增加多少銷售量或銷售額而定。如果增加營業的毛利額,超過贈品支出總成本,則代表效

益是正的。

(三)當然，對企業實務上而言，基本上在年度行銷預算上，早已把今年度贈品預算（包括有多少次，每次要花多少錢）都已估列進去。有時候亦很難每一次都很精細地估算出它的成本與收益，尤其是小型贈品活動或地區性贈品活動，更不易真正去估算效益，因為它們已併入整個完整整合行銷傳播活動內的一環。

當然，對於一次耗費好幾百萬或上千萬的贈品活動，則必須在事前即做好分析及規劃，以及事後的檢討評估，以避免亂花錢而得不到行銷效益。

## 五、實例

### 〈實例1〉 買三星，包驚喜

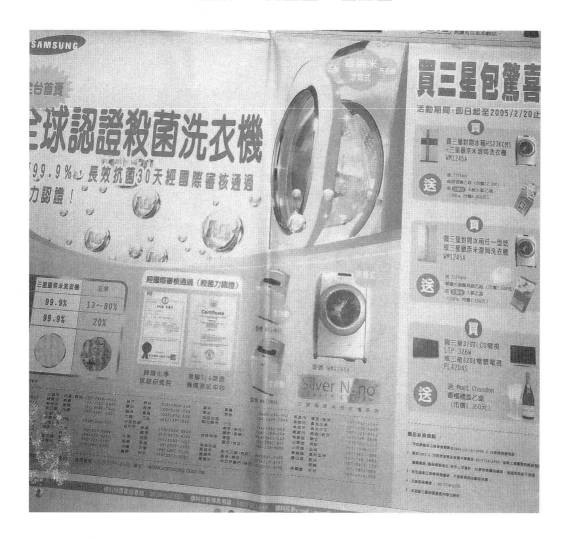

## 企劃重點

1. 韓國三星家電推出買就送贈品活動，包括下列三種主力銷售產品，規劃內容如下：

   活動期間：即日起至2005年2月20日止。

   (1) 買三星對開冰箱RS23KCMS＋三星銀奈米滾筒洗衣機WM1245A，送Tiffany純銀項鍊乙條（市價12,000元），或正官庄天級人蔘乙盒（300g，市價8,900元）。

   (2) 買三星對開冰箱任一型號或三星銀奈米滾筒洗衣機WM1245A，送Tiffany華麗水晶餐具組乙組（市價2,600元），或正官庄人蔘乙盒（150g，市價2,150元）。

   (3) 買三星32吋LCD電視LTP-326W或三星42吋電漿電視PL42D4S，送Moet Chandon香檳禮盒乙盒（市價1,350元）。

2. 贈品兌換規範：

   (1) 可兌換贈品之商品發票限於2004年12月15日至2005年2月20日期間消費有效。

   (2) 請於2005年2月28日前將發票及保證卡傳真至：02-7718-1232，並附上您購買的商品型號／聯絡電話／贈品寄送地址／收件人等資料，以便安排贈品寄送。超過期限，恕不受理。

   (3) 若在通路已取得相關贈品，不得重複提出贈品申請。

   (4) 活動諮詢專線：02-7718-1230。

   (5) 本活動三星保留變更內容之權利。

## 〈實例2〉 ～H₂O＋美容保養品眉飛色5慶週年

企劃重點

1. 截角活動——舞動回饋：憑此截角到任一～$H_2O$+專櫃，享受免費專業肌膚檢測分析後，即可獲贈「海洋活水保濕面膜」試用裝一支。數量有限，送完為止。

2. 滿額送禮大放送，時尚提包帶著走。

3. ～$H_2O$+在全省16家百貨公司同步推出滿額送禮活動，以及全系列商品一律9折起之促銷活動。

## 〈實例3〉克蘭詩（CLARINS）新品上市，強力推薦

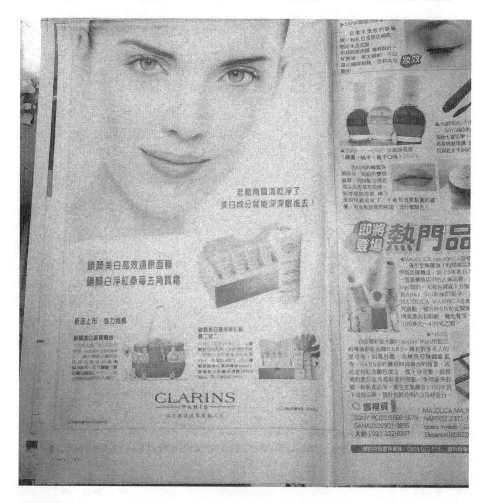

### 企劃重點

1. 鎖顏美白滿額贈送：凡於3月20日至5月31日期間（但母親節活動期間除外），單次購買克蘭詩鎖顏美白產品金額滿4,000元，即可獲贈「愛日美白藤包」一只（美白特惠組金額可列入累計）。

2. 鎖顏美白高效淨化組買二送二：3月20日起至5月8日止，凡購買新品鎖顏美白高效還原面膜+鎖顏白淨紅桑莓去角質霜50ml，售價2,600元，即可獲贈鎖顏美白潔淨慕絲50ml+鎖顏美白防曬保濕露SPF20 20ml（贈送價值1,090元）。

## 〈實例4〉 聲寶健康好禮，裡裡外外呵護您

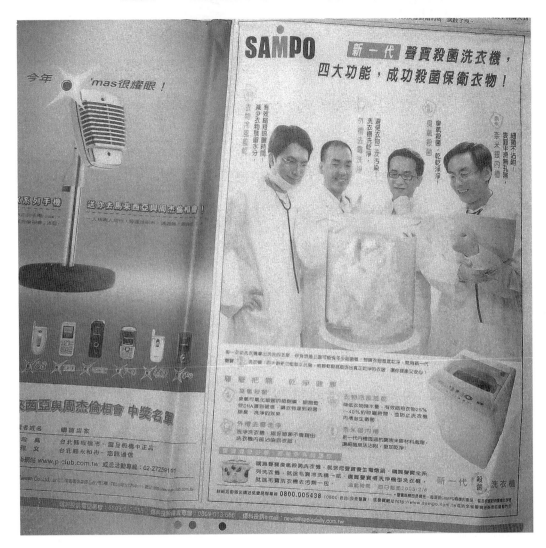

企劃重點

1. 聲寶新一代殺菌洗衣機，推出買就送活動。

2. 購買聲寶臭氧殺菌洗衣機，就送您聲寶養生電燉鍋。

3. 購買聲寶全系列洗衣機，就送毛寶冷洗精一瓶。

4. 購買聲寶槽洗淨機型洗衣機，就送毛寶洗衣槽去汙劑一包。

5. 活動時間：即日起至2005年2月8日。

## 〈實例5〉 SK-II 寵愛馨情，煥白呵護，贈品活動

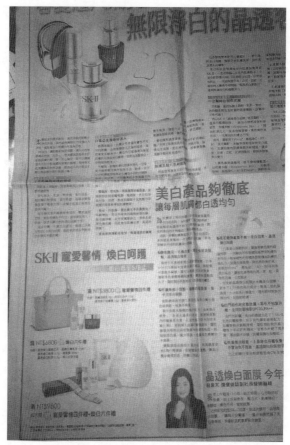

## 企劃重點

1. SK-II名牌化妝保養品為慶祝母親節，推出購滿送贈品促銷活動。贈品規劃內容如下：

   (1)滿NT$3,800贈寵愛馨情四件禮，內含：柔膚洗面乳6g、亮采化妝水11ml、高效多元活膚霜15g、寵愛淑女提包。

   (2)滿NT$6,800贈煥白六件禮，內含：晶透煥白面膜乙片、晶緻活膚乳液11ml、晶透煥白精華4.7g、青春露30ml、晶透煥白粉餅0.5g、煥白珍珠手錶。

   (3)滿NT$9,800，即可獲贈寵愛馨情四件禮+煥白六件禮。

2. 贈品以實物為主，數量有限，送完為止。寶僑家品股份有限公司保留更改贈品的權利。如遇其他贈送活動，請擇二選一，以上贈品贈送「不可累加」。實際活動內容，以各點公告為準。

### 〈實例6〉THE BODY SHOP，媽媽，母親節快樂

## 企劃重點

1.消費滿2,500元，贈送山茶花仕女包。

2.若消費滿3,500元，再現抵300元。

3.除了各種超值特惠組產品的優惠價之外，也推出購滿送贈品活動，如下：

　(1)消費滿2,500元，贈「HAIR SPA組」，內含：蜂蜜／橄欖／蕁麻葉洗髮精60*ml*＋護髮乳60*ml*＋護髮帽＋多功能淋浴盒，價值約870元（贈品以現場實物為準）。

　(2)消費滿3,500元，再抵300元。

4.注意事項：本活動自即日起至2005年5月8日止，數量有限，售完為止。活動若有調整，以現場標示為準。

## 〈實例7〉 露得清深層美白修護面膜新上市

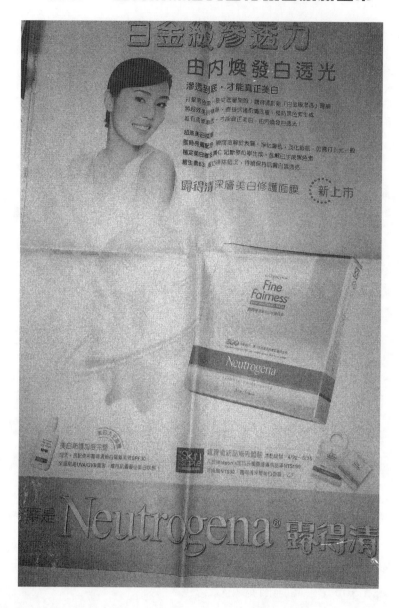

### 企劃重點

1. 露得清新品搶先體驗,活動期間:4月22日至5月25日。

2. 凡於Watson's屈臣氏購買護膚商品滿NT$199,可換購NT$99「露得清深層美白面膜」乙片。

## 〈實例8〉感謝媽媽付出的黃金歲月，用今生金飾表達你的感恩

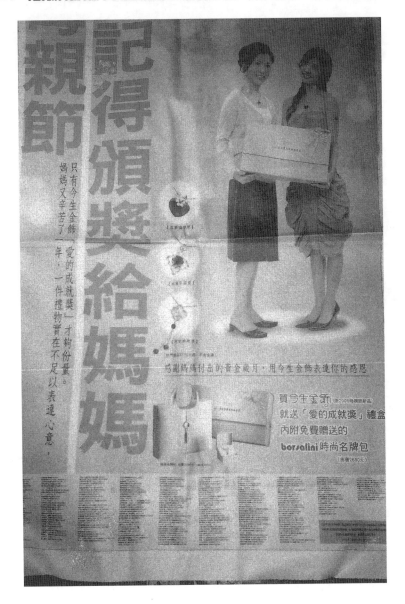

感謝媽媽付出的黃金歲月，用今生金飾表達你的感恩

買今生金飾（限2005母親節新品）
就送「愛的成就獎」禮盒
內附免費贈送的
borsalini 時尚名牌包
（市價2690元）

### 企劃重點

・購買今生金飾（限2005母親節新品），就送「愛的成就獎」禮盒，內附免費贈送的borsalini時尚名牌包（市價2,680元）。

## 〈實例9〉 愛其華山茶花，獻給全天下的母親

企劃重點

1.限量專案：即日起至5月底，購買山茶花系列錶款，即贈送山茶花項
鍊墜一只。

2.購買專案：即日起至5月底，購買上述系列錶款，即贈送珍珠項鍊一
串。

## 〈實例10〉EASY SHOP春漾購物節

企劃重點

1.EASY SHOP推出送贈品活動，只要在店內購買任一件紅花標籤商品，即送綠葉標籤商品一件（可任選），多買多送。

2.推出時間為4月19日至4月28日，10天的促銷期。

## 〈實例11〉 雅詩蘭黛體驗無痕快樂，再享春色新驚豔

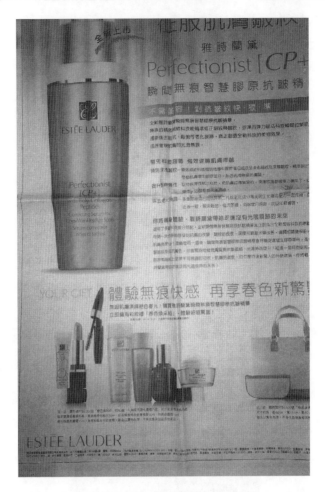

### 企劃重點

1. 雅詩蘭黛化妝保養品推出購物滿3,300元或6,600元，即送贈品活動，重點如下：

   (1) 第一重：購物滿3,300元，送「春色煥采組」粉紅組，內含：XL無限長睫毛膏精巧裝、純色蜜果脣凍精巧裝、靚采豐潤脣膏精巧裝、柔絲煥采化妝水50*ml*、紅石榴維他命能量精華30*ml*、特潤修護露15*ml*、彈性煥顏柔膚霜15*ml*。另有粉藍組可以選擇。贈品以實物為準，不得兌換現金或其他商品。

   (2) 第二重：購物滿6,600元，送「春采浪漫提包組」粉紅組，尺寸約為：長60*cm*、寬15*cm*、高40*cm*。贈品以實物為準，不得兌換現金或其他商品。

2. 促銷活動期間為4月14日至5月8日長時期的活動。適用在全省三十多個百貨公司專櫃。

## 〈實例12〉 海洋拉娜歡慶母親節，限量超值禮遇

企劃重點

1.除推出特惠價活動外，也有購滿送贈品活動，如下：

　海洋拉娜尊寵優質回饋：母親節期間，單筆消費滿17,000元（不含特惠商品），即可體驗海洋拉娜乳霜3.5ml+完美緊緻精華組5ml/2ml的緊膚保養，全省限量推出。

2.海洋拉娜為高單價的乳霜品牌，價格經常上萬元以上。（注：海洋拉娜為法國品牌）

## 〈實例13〉 SK-Ⅱ寵愛馨情，煥白呵護

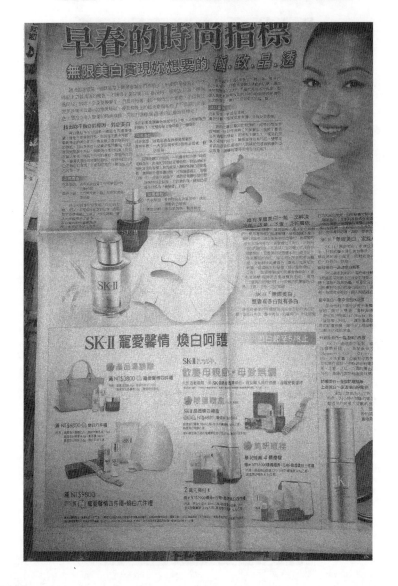

企劃重點

1.SK-Ⅱ慶祝母親節推出購滿送贈品活動，包括：

(1)滿3,800元，贈寵愛馨情四件禮，內含：柔膚洗面乳6g、亮采化妝水11ml、高效多元活膚霜15g、寵愛淑女提包。

(2)滿6,800元，贈煥白六件禮，內含：晶透煥白面膜乙片、晶緻活膚乳液11ml、晶透煥白精華4.7g、青春露30ml、晶透煥白粉餅0.5g、煥白珍珠手錶。

(3)SK-Ⅱ晶透煥白禮盒，限量價6,800元（價值9,500元），內含：

晶透煥白精華30$ml$乙瓶+全效防曬精華30$ml$乙瓶+晶透煥白面膜乙盒。贈→晶瑩煥白美妍護膚療程券2,700元+煥白珍珠手錶。

(4)滿9,800元，即可獲贈寵愛馨情四件禮+煥白六件禮。

2.此外，除了產品外，也有其他購滿活動送贈品的促銷，包括SK-Ⅱ的護膚中心及預付卡等，如下：

(1)歡慶母親節‧母愛無價：

　　凡於活動期間至SK-Ⅱ晶瑩護膚中心，母女兩人同行作臉，母親免費優待（限指定同一療程，不得與其他優惠合併使用。療程含：晶透煥白／緊緻煥顏／晶瑩細緻美妍療程，每人限作一次）。

(2)美妍療程：

　　單次購買四個療程，贈1,000元護膚禮券+浴袍+晶透煥白三件禮（內含：晶透煥白面膜乙片+全效防曬精華4.7g乙瓶+晶透煥白精華4.7g乙瓶）。

(3)2萬元預付卡，贈2,000元禮券+浴袍+晶透煥白四件禮（內含：亮采化妝水40$ml$乙瓶+晶透煥白面膜乙片+全效防曬精華4.7g乙瓶+晶透煥白精華4.7g乙瓶）。

## 〈實例14〉台新銀行信用卡，珍愛媽媽，永遠多一些

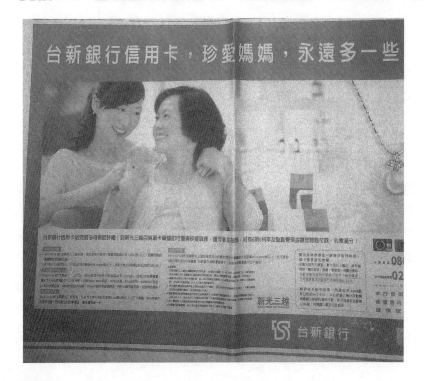

企劃重點

1.台新銀行信用卡為慶祝母親節，與各大百貨公司合作促銷活動，推出下列四種組合的強力促銷：

(1)滿額貼心禮：

・2005年4月25日至5月8日於全國新光三越百貨，刷台新銀行信用卡單筆消費滿NT$3,000（含）以上，即贈母親節滿額禮珍愛項鍊乙條。

・持「新光三越信用卡」，當日累積消費滿NT$10,000（含）以上，再享大集大利點數2倍送（含原先的1倍）。

(2)時尚媽咪精品抽：

2005年4月14日至5月8日於全國新光三越百貨，刷台新銀行信用卡累積滿NT$3,000（含），即有一次抽獎機會；滿NT$6,000（含）有二次，以此類推。共有NINA RICCI手錶、FENDI手錶、FENDI提包、BURBERRY提包、LA MER保養品組、MIKIMOTO珍珠項鍊、TIFFANY鑽戒等超值精品，共有10個中獎名額，妝扮時尚媽咪。

(3)點點變現金：

2005年4月14日至5月8日於全國新光三越百貨，凡持有大集大利紅利點數1,000點（含）以上之正卡會員，刷台新銀行信用卡消費，即可參加點點變現金，最多購物省一半。

(4)六期零利率：

2005年4月14日至5月8日於全國新光三越百貨，使用台新銀行信用卡單筆刷卡金額滿NT$5,000（含）以上，即可享有六期分期付款零利率優惠（台新銀行美國運通金卡、玫瑰卡美國運通卡恕不適用）。

2.另外，在注意事項方面，有幾點提出給消費者了解，如下：

(1)珍愛項鍊（人工養珠＋精鑲施華洛世奇水晶，16吋銀白K項鍊）正、附卡持卡人限合領乙份，活動期間內每人限領乙份，全國新光三越百貨合計限領乙份。贈品以現場實物為準，數量有限，送完為止。

(2)點數2倍送採正、附卡分開計算，每人每日加贈紅利點數以10,000點為回饋上限，加贈之1倍點數將統一於2005年5月底前撥入正卡人大集大利點數帳戶。

(3)時尚媽咪精品抽抽獎活動之贈品為真品平行輸入，將於2005年7月分隨機抽出中獎人，中獎名單將公布於台新銀行網站，另以專函通知中獎人。

(4)點點變現金活動對象為本行發行之各類信用卡（台新銀行美國運通金卡、玫瑰卡美國運通卡除外）之正卡持卡人，附卡持卡人不得參加本活動，不適用點點變現金活動之專櫃，依現場公告為準。

(5)同一筆信用卡交易恕無法同時享有分期付款優惠及點點變現金。

(6)台新銀行保留變更、終止本活動及同意信用卡持卡人參與本活動之權利。

## 〈實例15〉 LG感謝每雙洗碗的手，現在LG跟妳換手

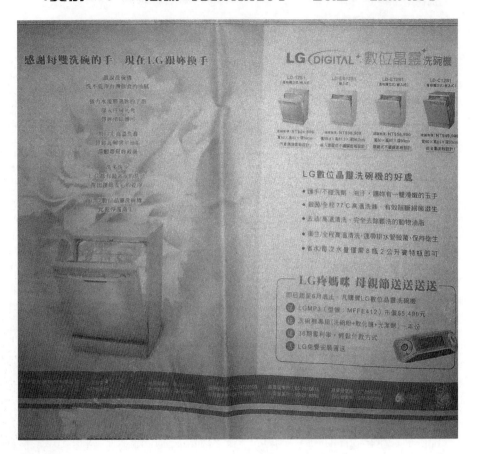

企劃重點

1. 韓國家電品牌LG，推出購買LG數位晶靈洗碗機，即送贈品活動。

2. 活動名稱：LG疼媽咪，母親節送送送送

即日起至6月底止，凡購買LG數位晶靈洗碗機：

(1)送LG MP3（型號：MFFE412），市價5,490元。

(2)送洗碗機專用洗碗粉+軟化鹽+光潔劑一年份。

(3)送三十六期零利率，輕鬆付款方式。

(4)送LG免費安裝運送。

## 〈實例16〉 建華金控，月刷6次，米奇行李箱跟您走

### 企劃重點

*1.* 2005年5月1日至6月30日，每月刷滿6次（每筆≧699元），就送「米奇行李箱」！

每滿1,000元，再抽香港3天2夜自由行，2人同行暢遊迪士尼樂園！

*2.* 注意事項：

(1)活動期間，每月刷滿6次或累計刷滿15次且每筆達699元者，可獲贈「米奇行李箱」。每筆分期交易視為一筆，並以總額計算。贈品以實物為準，每卡戶限兌換乙個。

(2)每刷滿1,000元累計乙次抽獎機會。2005年7月14日抽出10名得獎者及同額備取。

(3)僅一般商店刷卡及代繳款項得累計之，不含各種形式之預借現金、保費代繳、基金扣款、餘額代償、各項稅款及退貨交易，正、附卡消費合計，惟兌獎及抽獎以有效正卡人為限。

(4)詳細活動內容悉依安信信用卡網站公告，安信信用卡保留隨時變更、終止及取消本活動之權利。

## 〈實例17〉 全國電子，買冰箱、洗衣機送名牌好禮三選一

企劃重點

1.冰箱、洗衣機單品購物滿10,000元：

(1)憑舊機現折1,000元。

(2)送尚朋堂電磁爐，市價1,290元（SKU:2047971）。

(3)送SAMPO光觸媒吸塵器，市價1,490元（SKU:2046359）。

2.冰箱、洗衣機單品購物滿20,000元：

(1)憑舊機現折2,000元。

(2)送象印熱水瓶，市價2,690元（SKU:2039557）。

(3)送象印電子鍋，市價2,690元（SKU:2045844）。

# 〈實例18〉在7-11全商品消費滿77元，送Hello Kitty磁鐵

## 企劃重點

1. 統一7-11推出上述促銷活動，造成熱潮，促銷效果良好。此次活動共推出31款Hello Kitty造型磁鐵。

   限單次單筆交易，並限以發票金額計算，每77元送一個磁鐵、154元送二個，以此類推。

2. 另外還出售一組99元的磁鐵蒐集板，為可愛的Hello Kitty買個家。

3. 搭配抽獎活動，計有1,000個獎抽出，包括：

   (1)日本Hello Kitty樂園旅遊行。

   (2)獨家3呎高Hello Kitty玩偶。

   (3)Hello Kitty金飾。

   (4)Hello Kitty傢俱。

## 〈實例19〉福特汽車好視送上門

### 企劃重點

· 買福特汽車，即免費送BenQ 32吋大液晶電視（市值69,900元）。

### 〈實例20〉 席夢思送贈品

企劃重點

1. 雙重喜迎母親節，華貴3負離子床墊，溫馨價46,999元。
   活動期間：4月20日至5月31日止。
2. 活動期間凡購買席夢思名床，即贈市價2,990元的負離子健康機（特價品、單人床、下墊除外，贈品以實物為準）。

## 〈實例21〉 SK-II 推出貴賓好禮兌換贈品活動

企劃重點

1. SK-II將會員的重要性及貢獻度,區分為三個等級,由低到高是:晶瑩會員→風采會員→尊貴會員。

2. 每一種不同等級的會員,將獲得不同的兌換贈品。

## Chapter 6 抽獎促銷

### 一、抽獎活動的呈現方式

抽獎活動的呈現方式主要有幾種：

(一)在各種賣場週年慶時，經常會有「購滿多少錢以上即可參加抽獎活動」，即刻參加，即刻揭曉，或是一定時期之後才知道是否得獎。

(二)有時候某些品牌廠商也會配合賣場要求，推出抽獎活動。亦即凡購滿某品牌系列的特定幾種產品，即可領取抽獎券，在櫃檯即抽，或投入摸彩箱以後定期再抽。

(三)另外，也經常看到集三個瓶蓋、截角或標籤，寄回公司參加抽獎活動。

### 二、宣傳管道

(一)在產品包裝上，即印有抽獎活動。

(二)報紙、雜誌、廣播、網路、簡訊DM及在大賣場裡等，都可傳達抽獎活動訊息。

### 三、缺點

獎項及得獎機會太少，是抽獎促銷活動的最大缺點，所謂「不患寡，而患不均。」幾次對獎之後，即會興趣缺缺。不過，有些家庭主婦、低收入或比較悠閒的人，倒是對此樂此不疲，即使得獎率低，但仍經常參與此活動。

### 四、優點

抽獎確實會使人抱著得大獎（如汽車、國外旅遊行程、高級3C家電、鑽石、機車等）的希望，不妨試一試，總有一天會抽中。

### 五、注意要點

(一)應將抽獎活動辦法，在網站、報紙或會員刊物上詳細刊登，包括抽獎獎項、活動期間、活動辦法及得獎名單和公告等。

(二)大獎獎項應具有震撼力（如車子），而普獎也應多一些名額。

(三)獎項的來源，有時候廠商可以用各自的產品做免付費相互交換。

## 六、效益

基本上，抽獎還是屬於支援性與輔助性的促銷活動，是多重SP促銷活動計畫組合中的一環。很多廠商慣例上，每年都會舉辦一至二次的大型抽獎活動，並以「百萬」、「千萬」大抽獎為號召，仍有一些正面效益。有時候也是一種知名度廣告宣傳的附帶效益，或是零售賣場的集客效益。

## 七、實例

### 〈實例1〉富士相紙利用包裝盒，展示出連續大抽獎的促銷活動，以增強消費者去取拿購買的誘因

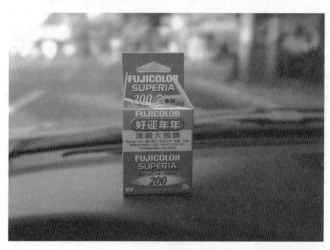

# 〈實例2〉 愛買週年慶千萬豪禮連環送

## 企劃重點

1.愛買週年慶，除商品特價期間的優惠外，另外以六環促銷活動為訴求，包括如下規劃：

(1)第一環：愛買週年慶大塞車

・即日起至12月15日週年慶期間來店消費，購物發票金額滿500元以上，即可兌領抽獎券一張，參加本抽獎活動，以此類推。

・抽中特獎、頭獎及二獎的中獎者，可於領獎當日於限定時間內搬運本公司提供之賣場內商品至車上，即可獲贈該整車商品。

| 第一環獎項內容（活動詳情請見店內公告） | | | |
|---|---|---|---|
| 特獎 | 高級復古MINI Cooper轎車乙部+乙整車商品 | 3名 | |
| 頭獎 | 光陽Kiwi 70cc摩托車乙部+乙整車商品 | 10名 | |
| 二獎 | 捷安特舒適車乙部+乙整車商品 | 39名 | 每店3名 |
| 三獎 | 愛買提貨券5,000元 | 130名 | 每店10名 |
| 四獎 | 愛買提貨券1,000元 | 650名 | 每店50名 |
| 五獎 | 愛買提貨券500元 | 1300名 | 每店100名 |

(2)第二環：發票對對碰，千萬好禮大方送

即日起至12月15日，愛買會員於週年慶期間來店消費購物發票金額滿1,000元以上，即有資格參加第二環活動，可以核對該筆消費發票號碼（發票以印有會員卡號者為準）與會員卡卡號末三碼，對中末一碼可兌換提貨券50元；對中末二碼可兌換提貨券300元；對中末三碼可兌換提貨券1,000元。（活動詳情請見店內公告）

(3)第三環：一元商品天天購。

(4)第四環：全館商品分期零利率（遠東商銀卡友）。

(5)第五環：愛買週年慶卡友享好禮（遠東商銀卡友）。

(6)第六環：卡友滿額送活動（慶豐銀行及安信銀行卡友）。

2.此次週年慶在全臺十三家愛買分店同步舉行，這十三家店店址分別在：

| | | |
|---|---|---|
| 景美店 | 臺北市景中街30巷12號 | 0800201527 |
| 忠孝店 | 臺北市忠孝東路五段297號B2.B3 | 0800086885 |
| 板新店 | 板橋市四川路一段389號 | 0800055333 |
| 永和店 | 永和市民生路46巷56號 | 0800066988 |
| 桃園店 | 桃園市中山路939號 | 0800086998 |
| 楊梅店 | 楊梅鎮中山北路二段23巷6號 | 0800055221 |
| 新竹店 | 新竹市公道五路二段469號 | 0800086000 |
| 復興店 | 臺中市復興路一段359號 | 0800050889 |
| 永福店 | 臺中市福科路342號 | 0800028568 |
| 中港店 | 臺中市中港路二段71號 | 0800099488 |
| 員林店 | 彰化縣員林鎮中正路2巷90-100號 | 0800361728 |
| 臺南店 | 臺南縣永康市中正南路533號 | 0800612029 |
| 高雄店 | 高雄市平等路171號（科工館旁） | 0800086889 |

## 〈實例3〉 台塩生技歡喜慶週年活動

## 企劃重點

*1.* 主要以摸彩抽獎活動為主軸，活動辦法、獎項及注意事項如下：

  (1)活動辦法：2004年11月5日至11月30日止，於全省台鹽門市專櫃消費，購物滿1,000元贈送摸彩券一張，滿2,000元贈送二張，以此類推。

  (2)獎項：買愈多中獎機會愈高喔！

    ・頭獎：汽車3名（市值515,000元）。

    ・二獎：機車100cc5名（市值41,000元）。

    ・三獎：銀采禮盒10名（市值7,480元）。

    ・四獎：炫采禮盒20名（市值5,300元）。

    ・五獎：蓓舒美二合一禮盒A50名（市值260元）。

    ・六獎：蓓舒美膠原蛋白潤絲精100名（市值200元）。

    ・本活動於2004年12月17日於「經濟部國營會大禮堂」公開抽獎，並統一發出中獎通知。

  (3)注意事項：

    ・贈品規格、配備以台鹽公司實際提供為準，獎品價值超過新臺幣13,333元者，中獎者須負擔15%稅金，出具繳稅收據後，始可進行領獎。

    ・頭獎、二獎汽機車不包括申領牌照稅之手續費、車輛保險費、監理規費、牌照稅、燃料稅等稅費。

*2.* 此外，還搭配憑截角到各店購買產品，即可獲得贈品活動，如下：

  ・憑截角於活動期間至各加盟店、經銷商購買台鹽產品，即可獲贈「鹽（藻）皂」乙塊（每店每日限量50名，活動期間總量300名，送完為止）。

〈實例4〉 全聯福利中心慶週年，現金、環遊驚喜連連，
　　　　$399世界玩透透

## 企劃重點

1. 全聯福利中心歡慶週年，推出以抽獎為主軸的促銷活動，活動規劃內容如下：

   (1)活動時間：2004年10月27日至11月29日。

   (2)活動辦法：凡於活動期間單次購物滿399元，即可獲得雙重贈獎刮抽券一張。

2. 千萬禮金刮就送：

   共有一百多萬個獎項等您來拿哦！獎項有：

   (1)5元、20元、50元現金折價券，共1,000,000名。

   (2)黑人天然草本牙膏，共72,000名。

   (3)康乃馨物用奇魔巾，共50,000名。

   (4)康乃馨立體環繞衛生棉體驗包，共50,000名。

   (5)麗仕香皂，共30,000名。

   (6)康寶清爽湯包，共50,000名。

3. 環遊世界抽就送，再加現金20萬，共八名。來全聯399就讓您世界走透透，行程包括：

   (1)歐洲　義瑞法（塞納河歐風寶典）。

   (2)澳洲　紐西蘭（魔戒尋奇之旅）。

   (3)美洲　美西（時尚玩樂派）。

   (4)東北亞　日本北海道（溫泉櫻花SPA遊）。

   (5)東南亞　馬來西亞─綠中海（渡假天堂）。

   (6)亞洲　中國大陸（山奇水秀九寨溝）。

4. 全聯福利中心保有調整活動辦法及內容之權利。詳情請見刮抽券內說明或全聯網址www.pxmart.com.tw。

## 〈實例5〉 燦坤3C千萬感恩慶

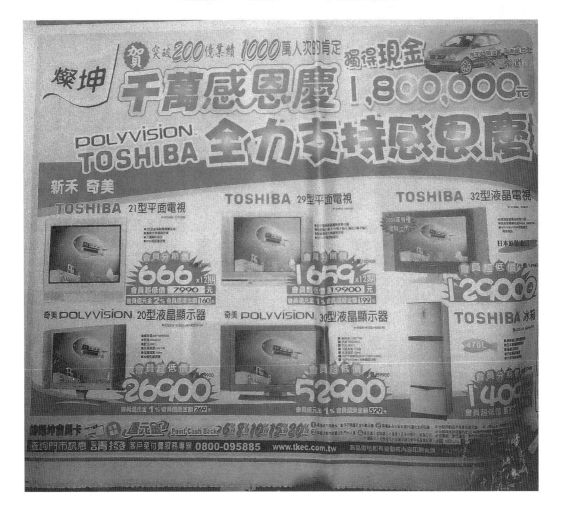

**企劃重點**

1. 為慶賀突破200億元業績及1,000萬人次的肯定，燦坤3C店推出千萬感恩慶促銷抽獎活動。

2. 最高可以獨得現金180萬元，另外還有東京旅遊、福斯汽車、黃金等抽獎品。

## 〈實例6〉屈臣氏週年慶，200萬購物金大抽獎

企劃重點

1.屈臣氏推出週年慶促銷活動，包括：

(1)購物滿2,500元，送300元抵用券（專櫃化妝品）。

(2)開架式化妝品85折。

(3)染髮類商品85折。

(4)獨賣商品，任選第二件5折起。

(5)流行品／文具用品，任選三件99元。

2. 主軸活動則以連續五週，週週抽為訴求誘因。該活動規劃內容如下：購物滿199元，即可用發票參加百萬購物金大抽獎，連續五週，週週抽！（所得發票將捐贈兒童福利聯盟）

(1)活動期間：2004年10月22日至11月25日止。

(2)活動辦法：活動期間，於全省屈臣氏任一門市購物滿199元，使用該張發票，並於發票正面空白處填寫姓名與連絡電話，投入現場抽獎箱，即可參加百萬購物金大抽獎活動，一張發票一次抽獎機會，最高可得10萬元購物券！

(3)活動獎項：連續五週，週週抽

· 一獎：10萬元屈臣氏購物券5名（每週1名）。

· 二獎：5萬元屈臣氏購物券10名（每週2名）。

· 三獎：4萬元屈臣氏購物券10名（每週2名）。

· 四獎：3萬元屈臣氏購物券10名（每週2名）。

· 五獎：2萬元屈臣氏購物券10名（每週2名）。

· 六獎：1萬元屈臣氏購物券10名（每週2名）。

· 七獎：1,000元屈臣氏購物券250名（每週50名）。

活動說明請詳見活動網址http://www.watsons.com.tw，或洽門市。

## 〈實例7〉燦坤春祭特賣週

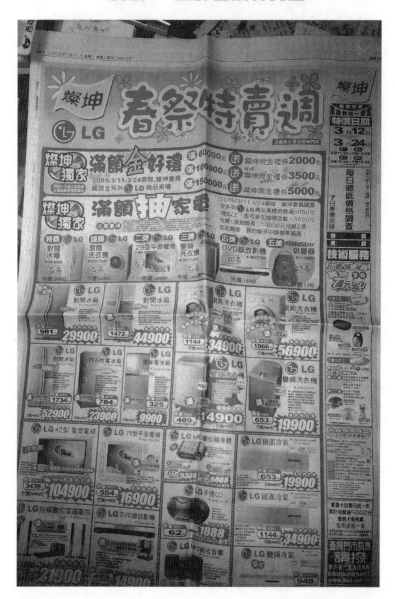

企劃重點

1. 推出購滿LG全系列商品累積滿5,000元以上，即可參加抽獎活動，10,000元則有二張抽獎券，以此類推。

2. 獎項包括：

   (1)特獎：LG對開式冰箱（市價2.9萬元）。

   (2)頭獎：滾筒洗衣機（市價2.5萬元）。

   (3)二獎：29型平面電視（市價1.7萬元）。

## 〈實例8〉統一陽光豆米漿送你去澳洲黃金海岸曬太陽

### 企劃重點

1. 活動辦法：剪下統一陽光黃金系列豆米漿包裝（2L、1L、500*ml*）上「陽光活力」標誌一枚，註明個人基本資料及電子郵件信箱，寄「臺南郵政10-94號信箱　陽光活力小組收」，即可參加抽獎。

2. 活動日期：2004年11月25日至12月31日（以郵戳為憑）。

3. 獎項：陽光黃金假期（澳洲黃金海岸六天四夜，每名市值約32,000元）60名／陽光活力腳踏車150名（每臺市價約4,000元）。

4. 抽獎方式：2004年12月10日至2005年1月7日，每週五抽出旅遊獎12名／腳踏車30名，共五週。

5. 公布方式：公布於統一乳品部網站www.moo.com.tw，得獎人另以專函通知。

6. 注意事項：

   (1) 贈品以實物為準，恕不折換現金或其他贈品；旅遊獎預計出團時間為2005年2月24日至3月。

   (2) 得獎者應自行負擔申辦護照、小費等費用。

   (3) 依稅法規定，贈品價值在新臺幣13,333元（含）以上，須由中獎人支付15%之稅金。

## 〈實例9〉現在申辦台新Story現金卡，核卡成功，10,000元夢想金，天天等您拿

## 企劃重點

1. 天天獎給您：

   (1)10,000元夢想金（每日1名，共62名）。

   (2)一個月免帳務管理費（每日5名，共310名）。

   (3)都會時尚餐具組（每日100名，共6,200名）。

2. 週週一直獎：

   Apple iPod/15G（每週1名，共9名）。

3. 月月獎不完：

   Apple Power Book G4（每月1名，共2名）。

〈實例10〉台糖蜆精推出「100萬現金」大抽獎活動，頭
獎爲一部車子

〈實例11〉桂格公司推出「百萬大抽獎」促銷活動

## Chapter 7 包裝附贈品促銷

### 一、包裝贈品的應用方式

#### (一)買大送小

例如：買大瓶，就附在包裝上送小瓶，包括洗髮精、沐浴乳、洗衣精、鮮奶、巧克力⋯⋯。

#### (二)直接附贈品

將小贈品直接附在塑膠包裝上，一看就可以知道是什麼樣的贈品。

#### (三)買一送一或買二送一或買三送一

包裝在一起的三瓶商品，只算二瓶的價格，此即是買二送一；或是買二瓶，但只算一瓶的價格。

#### (四)加量不加價

例如：買2.3公斤克寧奶粉，加送200公克（約10%），即加量不加價，等於是折扣10%，省10%的價格。

#### (五)兩種相關產品的合併優惠價

例如：將洗髮乳與潤髮乳合併包裝在一起銷售，給予特別優惠的價格，不是1+1=2瓶的錢，而是1+1<2的價格。

#### (六)兩種合購回饋價

此即1+1<2的合購回饋價。例如：買二瓶洗衣乳，算1.5瓶洗衣乳的價格。

#### (七)關係企業產品贈送

例如：賣某鮮奶，但加贈另一家關係企業的某項新商品作為促銷。

## 二、優點

(一)此項包裝贈品的促銷方式，確實可以在賣場提高它被消費者取拿的機會。尤其在品牌忠誠度不太高，或是價格敏感度高的商品中，現場的包裝贈品即可成為比較想撿便宜的消費者的最愛。

(二)對品牌轉移時，消費者的爭取及認知也有些助益。

(三)可以較快的速度出清過多庫存量。

## 三、注意要點

(一)可以搭配限量銷售，例如：加量不加價，可以限在一萬罐內，賣完就沒有了。

(二)包裝所選的贈品，應與商品有所相關或相輔相成的功能。例如：買咖啡，就送杯子；買嬰兒奶粉，就送卡通貼紙；買洗髮精，就送浴帽。

## 四、效益

(一)確實可以達到刺激現場購買的欲望。

(二)通常對一般低總價的民生消費品，包裝贈品大都限在10元以內的贈品成本支出。

(三)在「店頭行銷」流行的今天，包裝附贈品的促銷方式，已全面性成為重點的促銷活動。因為，在「最後一哩」（last mile）面對消費者面前的零售據點陳列架上，經常會誘發消費者產生購買欲望、品牌轉換或便宜划算的念頭，此對業績銷售是有重大影響力的。

## 五、實例

### 〈實例1〉 黑人牙膏

企劃重點

・黑人牙膏以三支包裝一起賣，並贈送20公克的一支小牙膏為贈品，
以吸引消費者購買。

### 〈實例2〉 Nexcare保健盒

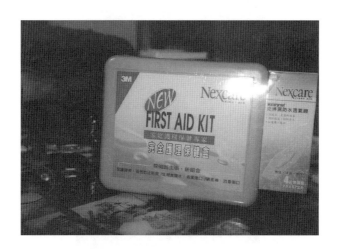

企劃重點

・3M公司所出品的護理保健盒，以搭贈「防水透氣繃帶」為促銷手
法。

## 〈實例3〉 德恩奈漱口水

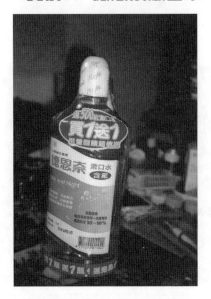

**企劃重點**

・以「買一送一」限量回饋超值送為訴求促銷。

## 〈實例4〉 泡舒洗潔精

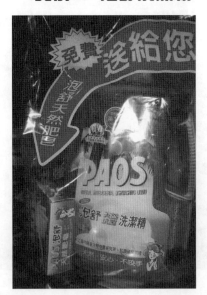

**企劃重點**

1.泡舒天然洗潔精以贈送「天然肥皂」為促銷贈品。

2.並以「免費送給您」的斗大字眼，突顯吸引力。

## 〈實例5〉 飛柔洗髮乳

企劃重點

・飛柔以「買大送小」為包裝贈品促銷。

## 〈實例6〉 棕欖洗髮乳

企劃重點

・「棕欖」洗髮精的「包裝外贈品」促銷（贈品為隨身包）。

## 〈實例7〉 克寧奶粉

企劃重點

・克寧奶粉以「包裝外贈品」為促銷（贈品為置物籃）。

## 〈實例8〉 毛寶洗衣精

企劃重點

・毛寶洗衣精以「包裝外買一送一」為促銷（洗衣精搭配贈送柔軟精）。

## 〈實例9〉 多芬洗髮乳

企劃重點

・多芬洗髮乳「搭配」潤髮乳的優惠回饋價促銷。

## 〈實例10〉 摩卡咖啡

企劃重點

・摩卡咖啡「搭贈」杯子促銷。

## 〈實例11〉 雀巢咖啡

### 企劃重點

　・雀巢咖啡包裝外贈品，以搭贈「小盒巧克力」為促銷。

## 〈實例12〉 克寧奶粉

### 企劃重點

　・克寧奶粉超值價，免費送200公克，加量不加價。

### 〈實例13〉 Konica相紙

企劃重點

· Konica相紙之包裝贈送「微笑造型夜燈」，對小孩子有吸引力。

### 〈實例14〉 多芬沐浴乳

企劃重點

· 多芬沐浴乳以(1)贈送卸妝新產品（試用品），(2)贈送洗澡泡芙，作
為包裝促銷之用。

## 〈實例15〉 麗仕沐浴乳

### 企劃重點

・麗仕沐浴乳以包裝贈送「小瓶沐浴乳」作為促銷。

## 〈實例16〉 海倫仙度絲洗髮乳

### 企劃重點

・海倫仙度絲洗髮乳以包裝贈送「超值旅行組」作為促銷方式。

## 〈實例17〉 多芬乳霜沐浴乳

### 企劃重點

・多芬乳霜沐浴乳以包裝贈送「100g潔膚香皂」作為促銷。

## 〈實例18〉 Konica相紙

### 企劃重點

・Konica相紙推出農場牧場之旅,並以二卷相紙特惠價促銷。

## 〈實例19〉泡舒洗潔精

### 企劃重點

· 泡舒洗潔精附贈品包裝，贈送一塊洗碗盤專用的產品。

## 〈實例20〉多芬洗髮乳

### 企劃重點

· 多芬洗髮乳買大送小的包裝促銷活動。

# Chapter 8 「滿千送百」、「滿萬送千」促銷

## 一、優點

「滿千送百」已成為重要的促銷活動，是各大百貨公司在年中慶或週年慶時，以及各大購物中心經常推出的SP促銷活動。所謂「滿千送百」，即指：

- ‧購買2,000元→送200元抵用券、禮券。
- ‧購買5,000元→送500元抵用券、禮券。
- ‧購買10,000元→送1,000元抵用券、禮券。

本項活動之優點為：

(一)具有很大刺激購物誘因，會想買更多的東西來湊齊千元整數或萬元整數。事實上，「滿千送百」也是一種折扣促銷，即是9折的意思。

(二)口號響亮，易聽、易記、易懂、易形成口碑流傳。

(三)具有立即性回饋的感受，拿到的抵用券或禮券，可以立即到百貨公司附設超市或麵包店去折換商品，具高度實用性。

## 二、效益分析

基本上是具有正面效益的，會提升營收業績的增加。至於此活動之10%（1折）的成本負擔，主要有四種方式：

(一)完全由品牌廠商所負擔，亦即被申請用來兌換送百的產品廠商負責吸收此項被兌換成本，而零售流通賣場則不必負擔。

(二)由品牌廠商及零售流通業者雙方依規定比例，各自負擔一部分的兌換損失。

(三)完全由零售業者負擔全部的兌換成本。例如：百貨公司週年慶時的

滿千送百活動,即由百貨公司全部負擔,故要列入行銷費用預算內。

(四)是否具有利潤效益,需要仔細評估:營收額及毛利額的增加數,如果大於滿千送百10%的淨成本支出數,就有利潤;否則就會虧損。因此,要拉高來客數及客單價,以衝高營收額的成長目標才行。

「滿千送百」活動贈送抵用券或禮券,回流率一般在九成以上。

## 三、注意事項

(一)滿千送百活動的兌換禮券(折價券)時間,應限在當天即完成。拿到送百的兌換禮券後,亦應限制在某一期限內完成兌換產品的事宜,這樣也才知道兌換回流率是多少。

(二)有時候亦限制某些系列的商品,是不能(除外)被任意拿來兌換的。因為這些產品知名廠商或名牌,是不願被拿來做相對照的。

(三)兌換禮券區經常排很多人,因此零售賣場應多準備一些服務櫃檯服務顧客才對。

## 四、實例

### 〈實例1〉 新光三越櫥窗廣告

**企劃重點**

‧新光三越百貨週年慶的櫥窗看板宣傳廣告,強調在一樓化妝品區,只要購滿2,000元,即送200元禮券。

### 〈實例2〉 燦坤29週年慶，寵愛媽咪5重好禮送

## 企劃重點

1. 為慶祝母親節，燦坤3C店推出5重好禮送，其中主軸項目是，全館小家電購滿1,000元，即送200元提貨券。

2. 5重好禮送包括：

   (1)好厲害：全館家電十五期零利率，免手續費。

   (2)好省錢：買貴主動退2倍差價。

   (3)好多禮：名牌好禮加禮送。

   (4)好划算：全館小家電購滿1,000元，即送200元燦坤提貨券。

   (5)好體貼：小家電終身免費保固。

# 〈實例3〉京華城母親節馨動貴賓週

## 企劃重點

1. 除了強調流行服飾8折起外，重點就是滿千送百活動，包括：

(1)化妝品、內睡衣區：單筆滿3,000元送300元。

(2)珠寶區：單筆滿5,000元送500元。

(3)健康器材區：單筆滿5,000元送500元。

2. 此外，亦有六期零利率優惠。

## 〈實例4〉 家樂福滿2,000送200

## 企劃重點

1. 家樂福量販店推出滿千送百活動，不過，限於買3C、家電及金飾等高價位產品為主。一般日用品及食品則無。

2. 主要以滿2,000元即送200元現金折價券，滿4,000元即送400元現金折價券等，以此類推。

3. 另外，亦有搭配項目，例如：刷家樂福卡，特定商品可享三至十二期零利率。配合的銀行信用卡，包括台新銀、中信銀、國泰世華、玉山及聯邦等五家銀行。

## 〈實例5〉 全國電子滿5,000送500

企劃重點

1. 會員購買全系列液晶電視、電漿電視、全平面電視單品，消費每滿
   5,000元，贈送500元全國電子禮券。非會員，現場辦，立即成為會
   員，立即享有。
2. 贈送金額以發票付款金額為主，且不得與其他優惠並用。
3. 本活動不適用三十六期零利率。

## 〈實例6〉 燦坤3C寵愛媽咪，感恩回饋

### 企劃重點

1. 為促銷母親節，燦坤3C推出滿千送百的優惠活動。

2. 其中，液晶電視及電漿電視等，滿5,000元送500元提貨券，並再享十五期零利率。

3. 筆記型電腦因毛利率已低，故只為滿5,000元送200元提貨券，並再享十二期零利率。

## Chapter 9 整合式店頭行銷策略

### 一、店頭POP的種類呈現

店頭或賣場POP（point of purchase，即賣場廣告宣傳物），對廠商的行銷活動而言，已愈趨重要，而且成為必要的作為。不管就零售流通業者的賣場，或是對品牌廠商業者而言，都是同樣重要。一般來說，店頭（賣場）POP的種類呈現，大致有以下幾種：

(一)某品牌置物專櫃（或專區）。

(二)店外看板、招牌、霓虹燈、布條等。

(三)店內吊牌、立牌、插牌、布條、海報、布旗等。

(四)店內的液晶顯示電視機畫面。

(五)店外電子螢幕跑馬燈。

(六)店外氣球。

### 二、店頭POP優點

當消費者進到有上千上百種商品的大賣場，能夠經由現場POP的指引而得到視覺上的突顯及刺激，然後誘導顧客進一步思考購買及行動。因此，簡單說，就是具有「突顯」效果及「誘導」效果。

### 三、效益

根據國內外行銷研究的結果顯示，大概有40%高比例的消費者，是在賣場才決定要選購哪些品項的產品。換言之，電視及報紙的廣告效果並不是全部，而現場（賣場）的感受、認知、衝動、利益或氣氛等，也是扮演影響購買決策的重要因素。因此，店頭（賣場）POP的效益是存在的，否則也不會有現在賣場內那麼熱鬧與活潑的現場感。

## 四、執行注意要點

(一)賣場POP活動應該配合各種「節慶日」的行銷活動，或是「主題式」的行畫活動，讓店頭與賣場的現場感，貼近於節慶、節日及主題的行銷計畫。

(二)賣場POP的軟硬體執行與規劃，應該委託專業處理單位，這樣會比較有效，包括從設計規劃、發包製作、全國各大賣場、安置執行等，均委外執行為宜。

(三)賣場POP應爭取到最佳與最醒目的位置，才會突顯出其效益。

(四)目前各大品牌的置物專櫃或專區已愈做愈大，這是大品牌的談判優勢點。

(五)賣場POP雖然很重要，但應該搭配其他促銷活動，例如：贈品、抽獎、折扣等其他活動，才會發揮更大的效益。

(六)對零售流通業者而言，將賣場的布置視覺感，提高到令消費者彷彿置身在一個快樂、豐富、便宜、實惠與清潔明亮的購物環境中，是一個很大的努力目標。

## 五、店頭力+商品力+品牌力=總合行銷戰力

當消費者心態趨於保守，市場競爭越來越大之後，業者除了過去重視的商品力與品牌力之外，必須更加重視店頭力，讓賣場的銷售力更深入打動消費者的心。

行銷制勝要因，除了商品力要比競爭對手更強、更有特色外，店頭行銷力最近一、二年來也受到廣泛重視。很多剛上市的新產品或既有產品放在店頭或大賣場裡，但如何引起消費者的目光、吸引力及促購度，是當前廠商專注的重點。

## 〈實例1〉日本ESTEI化學

ESTEI是日本的芳香除臭劑、脫臭劑、除濕劑等生活日用品大公司之一。根據該公司近幾年的研發發現，消費者有目的型或忠誠及品牌購買型的比例很低，幾乎有八成的消費者都是到了店頭或大賣場才決定要買什麼的，而且他們發現來店客很關心哪些產品有舉辦促銷活動。

為此，ESTEI在2006年4月專門成立一家SBS公司（Store Business Support；店頭行銷支援）。在SBS裡，配置了四百三十三個所謂的「店頭行銷小組」人員。ESTEI的產品在日本全國有二萬七千個銷售據點，包括超

市、大賣場、藥妝店、藥房及一般零售店等。這四百三十三個店頭支援小組
人員，奉命先針對營業額比較大的二千五百店作店頭行銷的支援工作。這些
人，每天必須巡迴被指定負責的重要店頭據點，日常工作包括：

(一)在季節交替時，商品類別陳列的改變。

(二)檢視POP（店頭販促廣告招牌）是否有布置好。

(三)暢銷商品在架位上是否有缺貨。

(四)專區陳列方式的觀察與調整。

(五)配合促銷活動之陳列安排。

(六)觀察競爭對手的狀況。

另外在IT活用方面，這些人員還要隨身攜帶數位相機、行動電話及筆記
型電腦，每天透過SBS所開發出來的IT傳送系統，即時地將他們在上百、上
千個店頭內所看到的實況，以及拍下的照片與情報狀況，包括自己公司與競
爭對手公司的狀況等，都傳回SBS總公司的營業部門參考。

過去ESTEI新產品導入，要求在四週內必須在全日本店頭上架，現今有
了SBS的協助後，將四週的要求改變為二週內全面上架完成，才能進一步提
升廣告宣傳及大型促銷活動間的配合效益。

SBS成立一年多來，已看到一些具體成效，包括ESTEI產品營收額成長
了3%，對這樣大型的公司實屬不易。另外，每天提供給營業部人員新的店頭
情報及分析，也是重要的無形效益。

## 〈實例2〉日本花王與獅王公司

注重店頭行銷力的公司，像日本花王及獅王，早在三、四年前就成立了
專屬的「花王行銷公司」，這些公司除了負責銷售花王母公司的產品之外，
亦有專屬的800人負責店頭行銷支援行動，他們被稱為「KMS部隊」（Kao
Merchandising Service；花王產品服務），他們與營業人員兩者是有區別的。

## 〈實例3〉日本松下

日本松下公司去年也成立400人店頭行銷支援部隊。松下在全國有一萬
八千家門市，這400人先以比較重要的五千六百店為對象，負責協助這些店
面定期舉辦各種event活動，包括把各種新上市家電或數位資訊產品移到店頭
外面，並舉辦各種試用、試看或促銷送贈品、體驗行銷的各種演出與熱鬧活

動。目的就是要打破靜態的店,而能達到在店頭內外集客的功能。這支400人部隊,被命名為PCM(Panasonic Consumer Marketing;松下消費者行銷小組)。

## 〈實例4〉西武百貨

最近才改裝完成的西武百貨公司有樂町館,則用其他方式來輔助賣場的銷售工作。他們在賣場的二樓手扶梯後面成立一個專區,稱為Beauty Station(美容保養站)。該區塊有2名肌膚診斷專家,免費為消費者做儀器肌膚的診斷,總計有十個皮膚診斷項目,最後會列印出一張結果表給消費者。目前,每天大約有20名消費者接受這種三十分鐘免費服務。此種貼心服務,最終目的還是希望女士們可以在二樓選購化妝保養品。

### 整合型店頭行銷扮演角色

綜合以上做法,有些人或許會稱它是店頭行銷、賣場行銷或通路行銷,一個有效的「整合型店頭行銷」內涵,不管從理論或實務來說,大致應包括下列一整套同步、細緻與創意性的操作,才會對銷售業績有助益:

1. POP(店頭販促物)設計是否具有目光吸引力?
2. 是否能爭得在賣場的黃金排面?
3. 是否能專門設計一個獨立的陳列專區?
4. 是否能配合贈品或促銷活動(例如:包裝附贈品、買三送一、買大送小等)?
5. 是否能配合大型抽獎促銷活動?
6. 是否有現場event(事件)行銷活動的舉辦?
7. 是否陳列整齊?
8. 是否隨時補貨,無缺貨現象?
9. 新產品是否舉辦試吃、試喝活動?
10. 是否配合大賣場定期的週年慶或主題式促銷活動?
11. 是否與大賣場獨家合作行銷活動或折扣作回饋活動?
12. 店頭銷售人員整體水準是否提升?

由各家企業的積極態度可以發現,店頭力時代已經來臨。長期以來,行銷企劃人員都知道行銷制勝戰力的主要核心在「商品力」及「品牌力」。但是在市場景氣低迷、消費者心態保守,以及供過於求的激烈廝殺的行銷環境

之下，廠商想要行銷制勝或保持業績成長，勝利方程式將是：店頭力+商品力
+品牌力=總合行銷戰力。

## 六、整合式店頭行銷策略（Integrated In-Store Marketing Strategy）

### (一)前言

何謂「店頭行銷」（in-store marketing）？舉凡廠商在零售店內利用店
頭廣告、店頭促銷及店頭陳列等行銷活動，包含了所有的店頭海報、員工服
飾、立體廣告物等，可與消費者進行溝通的管道，藉此提升產品知名度及銷
售量，都是店頭行銷的範疇，店頭行銷可同時對產品知名度以及銷售量產生
影響。

店頭行銷指在賣場，經由多樣化促銷策略與輔助品（如跳跳卡、POP、
陳列架、珍珠板等）爭取優良陳列位置，同時擴大商品陳列排數，藉以提高
商品露出度與知名度，進而刺激消費者購買欲，提升銷售量。

店頭或賣場，是唯一可以讓產品、消費者和產品廣告或促銷訊息同處一
室的場合；當產品廣告或促銷訊息引起消費者的注意時，就可以馬上在店裡
進行購買，當顧客購買的那一剎那，所有的行銷方式、廣告宣傳才有了意
義。

影響消費者在店頭採取購買決定的因素，包括店內layout、商品組合、
貨架陳列、POP、特別陳列以及in store merchandising及in store promotion
等等，因此對零售業而言，消費者在店鋪內購買行為之解讀，已經成為店頭
行銷活動企劃的前提條件了！

因此，店頭行銷活動的執行，可以輔助強化廠商在其他大眾媒體的廣告
效果，對消費者在賣場內做購買選擇的關鍵時刻做最後一次的提醒及影響。
也就是在最後一哩的4.3秒裡，給予消費者最直接有效的最後致命一擊。

店頭行銷的觀念於二十多年前萌芽於美國，肇始於立點效應媒體公司
（ActMedia Inc.）在零售店內的手推車上架設商品陳列。經由立點公司在美
國所進行的二千多個調查顯示，店頭行銷不論是在提升產品知名度或者是增
加產品銷售量皆有正面的幫助。近年來隨著立點公司逐步開拓其國際市場，
店頭行銷的觀念也逐漸在全球許多國家推展開來並且蔚為風潮。

目前在美國每年約有5%左右的行銷預算是花在店頭行銷上面。全美的連
鎖通路，如Price Cosco、Walmart、Kroger、K-Mart等，或是自發性或是委
由專業行銷服務公司來執行，皆積極地在其賣場內執行店頭行銷活動。

隨著連鎖零售業的日益茁壯，也因應社會結構轉變帶來的消費行為改變，面對不同於以往的轉變，店鋪通路必須從結構組織去調整行銷手法，塑造店鋪的品牌形象，積極引入款待性服務、業種複合化組合及賣場活性化，以創造高附加價值的品牌意象，並發展連鎖、加盟體系，快速拓展市場。更須在顧客服務上，著重分眾行銷、一對一的關係行銷，從新顧客開拓推進至顧客固定化、忠誠化。零售市場已經逐漸由廠商主導的行銷，轉變成零售業主導型的行銷。

因此，如何配合這些連鎖零售業執行一些店頭行銷活動，已經變成是廠商重要的行銷課題之一。近年來，也有許多廠商，例如：寶僑P&G、可口可樂、寶龍洋行等亦成立相關部門，積極地配合零售業者執行店頭行銷活動。店頭行銷正如野火燎原般地在臺灣蓬勃發展。

## (二)整合式店頭行銷之各類促銷執行方式

這幾年來，國內主要消費性產品廠商紛紛聘任專職通路行銷人員（trade marketing），便是因應此一需求而生。這些通路行銷人員的主要使命是在滿足各主要連鎖零售業的需求，並且配合公司整體的行銷目標做行銷支援與整合。

目前臺灣在店頭行銷活動方面，可以概分為三種執行方式：

### 1.廠商主導型

廠商依照其產品行銷目標或公司整體行銷目標自行設計活動內容，然後與零售通路協商執行者。這種方式的涵蓋面通常會比較廣且時效性會較長，因此需要有龐大的人力、物力和財力的支應。

有些廠商甚至成立專職部門不斷地在執行本項工作，如：可口可樂MIT（Market Impact Team）小組。目前比較經常被廠商使用的店頭行銷活動，包括貨架插卡、海報、落地陳列、端架租用、特殊陳列架、試吃、發樣等。其他還有配合其公司過年慶所舉辦的促銷活動及陳列競賽等。

### 2.零售業主導型

零售業者為提高競爭力及增加商品銷售量，近年來也化被動為主動，積極地在其賣場內自行或邀廠商配合在其賣場內執行店頭行銷活動。

由簡單的手寫海報至大型的週年慶活動，零售業者能執行不同配套的店頭行銷活動，包括看板、燈箱、海報、落地陳列、端架陳列、宣傳單

（DM）、試吃、發樣、折價券、店內電視廣告等。

由於這方面業務的需求愈來愈大，有些零售業者甚至設置專人或部門來承辦此項業務。目前大多數的零售業者，皆將本項業務配屬在採購部門裡，以便和廠商在議定年度交易條件時一併納入談判。

### 3.專業店頭行銷服務公司

基於市場對於店頭行銷活動的需求不斷地在擴大，而且對於執行品質及活動內容創新的要求也不斷地在提升，高專業店頭行銷服務公司乃因應而生。

店頭行銷服務公司除了能擔保服務的品質，並且輔助廠商創新活動的內容之外，最重要的是它可以扮演廠商和零售業之間的溝通管道，降低目前廠商與零售業之間日益緊張的情勢；同時讓廠商的行銷或業務人員以及零售業的採購人員可以更專注其本務。

目前專業性的店頭行銷服務公司，可以提供整合性的店頭行銷服務，包括店頭廣告、店頭試吃、發樣、行銷活動（如抽獎、週年慶等）、促銷活動（如包裝附贈贈品、買一送一等）及店頭陳列等。

### (三)整合式店頭行銷案例分析

常見的店頭行銷活動如下：

### 1.張貼廣告物品、促銷訊息

利用廣告、招牌或是以斗大字體標示商品訊息、價格優惠或是可達到參與店內集點活動門檻的訊息，用以提示消費者進行購買行為。

(1)POP字體標示商品促銷價格

(2)利用代言人看板促銷

(3)利用跳跳卡、POP、陳列架、珍珠板提示消費者購買訊息

2.整體情境布置

(1)電影「哈利波特」上映時，華納威秀售票員身穿巫師服、頭戴巫師帽，也是一種情境布置的手法。

(2)麥當勞藉「史瑞克三世」（*Shrek the Third*）的上映，在某年夏天推出促銷活動。這家全球最大的餐飲連鎖店銷售印有「史瑞克」標誌的低脂牛奶，並推出一個史瑞克網站，供小朋友們進行足球或其他史瑞克遊戲。麥當勞同時推出搭配甜點、飲料的史瑞克甜心卡，就連麥當勞的員工也在銷售時頭戴史瑞克的耳朵來進行整體的促銷活動。

3.良好的陳列方式

(1)集中陳列通常帶給消費者「商品暢銷」及「物美價廉」的第一印象，
　　若能加強美感陳列（如螺旋而上或金字塔排列方式），更能有效帶動
　　商品銷售。

(2)「端架陳列」的運用更不容忽視。一般而言，賣場三到四成的銷售
　　額，是由貨架頭尾兩端的「端架」所貢獻，廠商必須設法搶占端架，
　　並善加布置端架商品。

(3)配合節慶,陳列濃厚節慶氣息的商品擺設。

*4.廠商活動*

通常廠商會提供廣告贊助費用給零售通路，也會提供門市人員銷售競賽獎金。

(1)上新聯晴每年會固定舉辦為期二到四週的「國際週」及「歌林週」活動，由廠商提供贈品促銷商品。

(2)桂格、蘇菲也與全聯福利中心合作，推出「歡樂聖誕趴趴ＧＯ」、「感恩季」活動，提供多項DM優惠商品，並可兌換刮刮券。

(3)百貨業者與信用卡發卡銀行合作，發行聯名卡，刷不同家銀行的信用卡就有不同的優惠。

### 5.消費者體驗活動

　　常見的有試吃活動、音樂CD試聽、遊戲機試玩、相機試用等，除可活絡賣場氣氛，吸引人潮駐足，也有助於提升銷售。透過實際體驗過的產品，高達九成的民眾表達有購買意願。

### 6.贈品及抽獎活動

　　常見的有「來店禮」、「滿額禮」、「福袋」、「抽獎」、「刮刮卡」及「買A送B贈品活動」。

　　(1)各家業者常會舉辦刮刮卡抽獎活動，刺激買氣；另外，每年4月底前的冷氣贈品活動，就是各大冷氣廠商販售期間最重要的促銷策略。

(2)贈品：包括「買二送一」、買奶粉送玩具等。

(3)百貨公司的週年慶也是店頭行銷的重頭戲，新光三越週年慶期間十八天的營業額，就占全年度的20%以上。為了炒熱週年慶的買氣，新光三越砸下了5億元行銷預算，大部分花在可使用程度近似現金的禮券上，讓消費者瘋狂搶購。週年慶營業額超過30%的化妝品專櫃，2006年就舉辦滿2,000送200活動，而全館則是滿5,000送500，還有各式的滿額、刷卡贈品。

### 7.詳細的產品說明

常見方式有將商品解說DM擺至商品旁，或是將實品包裝打開、相同商品評比，以實際內容效果呈現在消費者眼前，讓消費者比較、了解商品。

(1)產品吊牌,內附產品說明

(2)實際產品讓消費者親身體驗

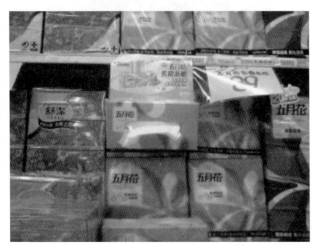

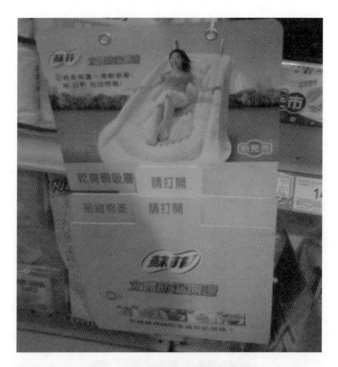

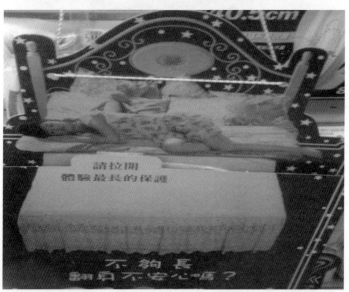

(3)藉由實地比較，讓消費者感受商品差異

8.賣場媒體廣宣

利用賣場排架，以電視、液晶螢幕實地播放商品使用說明與成效、或是以貨架特殊造型吸引消費者目光。

### 9.現場行銷活動的舉辦

(1)廣告代言人活動：徐若瑄曾擔任海倫仙度絲「薄荷舒爽系列」代言人，於全聯福利中心華山店打造一座「薄荷酷涼冰屋」，P&G客戶業務發展部副總經理徐令可表示，「市調發現，徐若瑄這支廣告是海倫仙度絲歷年來在消費者心中好感度及辨識度最高的一支，許多民眾在看完廣告後，紛紛表示有購買的衝動」，而廣告播映之後，也的確為海倫仙度絲「薄荷舒爽系列」的銷售締造佳績、衝破高點。

徐若瑄在家樂福大賣場出席海倫仙度絲的代言活動，為現場民眾實際檢測惱人的頭皮問題，吸引許多現場民眾爭先恐後地想讓美女徐若瑄檢測頭皮。

(2)一日店長活動：邀請明星至店頭當任一日店長，促進消費者買氣，並製造新聞話題。如羅志祥代言屈臣氏衛生棉廣告時，就至屈臣氏擔任一日店長，販售衛生棉，增加廣告效應。2007年ALBA讓黃立行跨足錶款設計領域，黃立行在BR4七樓錶店進行「一日店長」活動，為當日活動期間購買ALBA錶款的消費者服務。

(3)現場遊戲贈獎活動：臺灣食益補股份有限公司為了刺激其消費群的
買氣，配合家樂福「Come to森巴」之活動，委託立點效應媒體執行
「白蘭氏雞精轉轉樂」之店頭促銷推廣活動，經由活動前的詳細規
劃，再加上各賣場及執行單位的全力配合，使得促銷活動不僅圓滿達
成，且超過了預期的銷售業績。

10.賣場人員促銷

(1)麥當勞在2006年2月推出板烤米香堡時，只要一推開麥當勞的店門，就會看到無數個板烤米香堡，除了海報、看板、立牌，連店員身上的別針、徽章也都是板烤米香堡。在櫃檯點餐時，店員還會親切地詢問你一聲：「要不要來一份新上市的板烤米香堡？」就這樣，到了9月時，全省麥當勞已經賣出超過500萬個板烤米香堡。

(2)家樂福家電區專業服務人員，會在賣場內到處巡視，為有需求的消費者提供更深入的介紹與服務。

七、實例

### 〈實例1〉 「蘇菲」衛生棉在零售賣場的置物專櫃

### 〈實例2〉 「黑人」牙膏在零售賣場的置物專櫃

〈實例3〉 「克寧」奶粉的賣場POP引人注目

〈實例4〉 「麗仕」洗髮乳的賣場專櫃

〈實例5〉 「富士」軟片在零售賣場的置物專櫃

〈實例6〉 「CLOROX」殺菌清潔液在零售賣場的置物專櫃

## 〈實例7〉 「多芬」洗髮乳、洗面乳在零售賣場的置物專櫃

## 〈實例8〉 「多芬」與「舒爽」在零售賣場的置物專櫃

〈實例9〉 「依必朗」漱口水在零售賣場的置物專櫃

〈實例10〉 「母嬰寧」紙尿褲在零售賣場的置物專櫃

## 〈實例11〉 「康寶」濃湯在零售賣場的置物專櫃

## 〈實例12〉 「可爾必思」飲料在零售賣場的置物專櫃

〈實例13〉 「金沙」巧克力在零售賣場的置物專櫃

〈實例14〉 零售賣場的「試吃點」，是推廣新產品的方法之一

〈實例15〉 大賣場（量販店）商品最多，價格低廉，是零售通
路的主力之一

〈實例16〉 屈臣氏藥妝店內部裝潢及擺設，井然有序，現代流
行感十足

〈實例17〉 屈臣氏推出週年慶特價活動的櫥窗廣告

〈實例18〉 屈臣氏連鎖店的戶外包牆廣告，非常吸引人

〈實例19〉 統一7-11連鎖店推出晚餐的御料理及過年年菜預購
的櫥窗海報廣告宣傳

〈實例20〉 統一7-11店內宣傳「關東煮」的布條

〈實例21〉燦坤3C店的金黃色外觀設計,強調「會員、技術服務、省錢」為其定位

〈實例22〉台北農產超市推出週年慶「特價商品」特區促銷

〈實例23〉 新光三越臺北信義店週年慶一樓化妝品全面9折加贈品的宣傳廣告

〈實例24〉 新光三越百貨公司週年慶，佳麗寶化妝品專櫃旁的宣傳POP

## 〈實例25〉 新光三越百貨公司週年慶在入門處的宣傳招牌

## 〈實例26〉 新光三越百貨公司週年慶配合信用卡銀行說明招牌

〈實例27〉 新光三越百貨公司週年慶刷卡來店禮的說明招牌

〈實例28〉 新光三越百貨公司週年慶集點活動及滿2,000送200
活動說明招牌

## 〈實例29〉臺北頂好超市入門處的特價商品海報宣傳

## 〈實例30〉大賣場（量販店）訴求天天低價，
## 東西確實比較便宜

〈實例31〉 臺北101樓高101層，其裙樓有六層的購物中心，
是臺灣面積最大的購物中心

〈實例32〉 臺北101購物中心的正門入口處

〈實例33〉臺北101購物中心空間寬敞，裝潢豪華，
有金碧輝煌之感

〈實例34〉臺北101購物中心各種精品名店林立，
是以高級為訴求的購物商場

〈實例35〉臺北「微風」購物廣場（大門）慶祝聖誕節

〈實例36〉臺北「微風」購物廣場

〈實例37〉 新光三越百貨公司的戶外電子看板螢幕

〈實例38〉 臺北忠孝東路SOGO百貨公司外觀亮麗奪目

〈實例39〉 臺北頂好超市7折商品春風衛生紙的專區促銷

〈實例40〉 雅方羊肉爐在零售賣場用醒目的代言人立式招牌
作爲廣告宣傳

〈實例41〉 新光三越站前店在慶祝十週年慶時充分展現外牆
外觀的店頭宣傳看板，達到吸引人潮之效

〈實例42〉 麥當勞為慶祝聖誕節，特別製作一個大型聖誕老公
公矗立在門市店外，營造氣氛，吸引人潮，並配合
相關促銷活動

# 〈實例43〉仙境傳說（夢想天空）新的網路遊戲版內容，以店外大型廣告看板方式，作為宣傳造勢及吸引促銷

# Chapter 10 折價券（抵用券）促銷活動

## 一、折價券（Coupon）的各種名稱

折價券在實務上運用也頗為普及，包括下列各種名詞：

(一)折價券。

(二)抵用券。

(三)購物金。

(四)嚐鮮券。

(五)禮券。

(六)商品券。

(七)優惠券。

## 二、折價券呈現方式

比較常見的方式有幾種：

(一)以刊登報紙廣告並夾附折價券截角方式呈現。

(二)以DM（宣傳單）夾報方式呈現。

(三)以網站下載方式呈現。

(四)以刊登雜誌廣告方式呈現。

(五)以郵寄折價券或購物金方式呈現。

## 三、優點

折價券（抵用券、購物金）具有吸引消費者再購率提升的效果，亦即可以增強顧客會員的忠誠度。例如：像電視購物經常送出免費的100元、200元或500元的購物金（折價券），下次再買時，可以用此購物金來扣抵200元。因此，假如買了2,000元的商品，實際支出只要1,800元，亦即打9折的優惠。

折價券上面的折價金額，可以彈性多元的設計規劃。

## 四、缺點

折價券活動還是比較適合女性消費族群，部分男性消費者可能不會去剪下折價券使用。

## 五、效益

應該可以培養一些忠誠消費者的使用再購，多少有其效益存在。根據調查顯示，折價券的使用率（回流率）大概在20～40%之間，不會100%被所有消費者使用，因此成本負擔的計算不是100%。

## 六、注意要點

(一)折價券打折的數字不能太少，否則激勵效果及使用率會很低。通常廠商推廣新產品時，會以半價折價券優待（如價格200元的商品，只要付100元即可），比較會有吸引效果。

(二)有時候在各單店，也會出現限量送完為止的促銷活動。

(三)折價券活動，廠商常會配合零售賣場的規劃而進行，這是廠商與通路異業結盟行銷的力量加大。

## 七、實例

### 〈實例1〉屈臣氏精選獨賣商品超低折價券

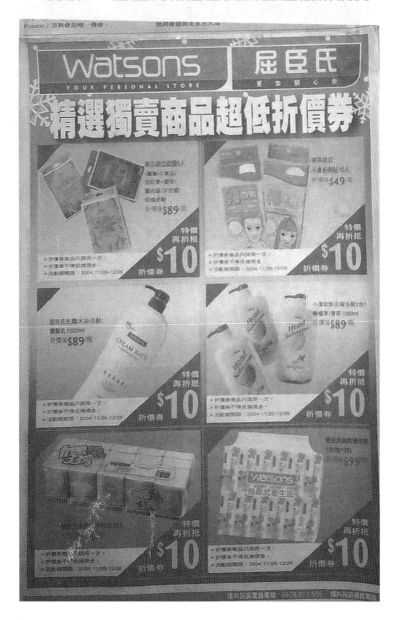

企劃重點

1.特價再折抵10元折價券。

2.折價券商品只限用一次。

3.折價券不得兌換現金。

4.活動期間限：2004年11月26日至12月26日。

## 〈實例2〉 屈臣氏SALE冬特賣，折價券商品瘋狂優惠中

企劃重點

1.超過三百件Watsons獨賣商品，任選三件，一件免費（以價高兩者計價）。

2.眾多商品5折起。

3.開架式化妝品最少85折（特價商品除外）。

## 〈實例3〉 中信卡貼心折價券，全國首創最多商店通用，讓您每月省更多

## 企劃重點

1. 到處省：同樣一張折價券，於多家超市、量販店、藥妝店等，皆可配合中信卡及中信VISA金融卡使用。

2. 一省再省：

   第一省：剪下折價券，刷卡結帳時，商品馬上享折價優惠。

   第二省：折價券仍可抵用特價商品。

   第三省：特定商店還可使用中信卡「即時折抵」享現金回饋，刷卡金額再省一次。

3. 月月省：商品種類最多，每月更新近百項知名品牌商品，最多為您省下約3,000元。

4. 辦卡專線：0800-00-1234按1，卡友索取專線：(02)2745-8321按2，服務專線：0800-024-365。

5. 貼心折價券可在下列商店使用，商店以該店有販售為原則：頂好、屈臣氏、康是美、愛買、特易購、名佳美精緻生活館、萬家福、美華泰流行生活館等。

6. 本活動僅適用於臺北／基隆／桃園／新竹／宜蘭／花蓮地區。

## 〈實例4〉東森購物卡，週週抽現金，200,000元東森購物刷卡金

企劃重點

- 東森購物與建華銀行合作推出MMA卡，以首刷禮，即贈300元刷卡金，以及週週抽出20萬元刷卡金為促銷辦卡及使用卡之訴求。

## 〈實例5〉 家樂福現金折價券折抵開始囉！

### 企劃重點

1. 滿1,000元，抵100元；滿2,000元，抵200元，以此類推。

2. 活動期間：2005年5月2日至5月8日。

3. 單筆購物滿1,000元，始可使用本券一張；滿2,000元使用二張，以此類推，一次消費最多抵用十張為限。

## 〈實例6〉George & Mary現金卡，開心擁有7-11 500元兌換券

企劃重點

・現在到自動貸款機辦卡、取卡，就可至萬泰銀行全臺各地分行領取7-11 500元兌換券核卡禮。

〈實例7〉 天香回味火鍋店推出每次消費有抵用券贈送，或憑報
紙截角優惠

〈實例8〉 漢堡王推出憑剪下報紙截角優惠券的促銷活動

## 〈實例9〉某家電量販店推出家電購滿2,000元，即贈送200元折價券之促銷活動

# Chapter 11 其他促銷活動

## ▶ 第一節　特賣會及展場活動促銷 ◀

### 一、特賣會的方式

特賣會的呈現方式大致有幾種：

(一)最大型的特賣會，仍屬臺北世貿中心所舉辦的各種展場銷售或展覽會，例如：像臺北世貿資訊展，經常在數天內湧入數十萬人，大家都在搶購便宜的資訊電腦產品。

(二)其次，是在特定地點舉行的「特賣會」。通常會找一個較大的室內或郊區的空地舉辦特賣會，包括各種過季、過期的名牌商品、家電年終、傢俱、國內各地名產特賣會等。

### 二、優點

(一)對廠商而言，可以透過特賣會促銷一些過期、過季、退流行，或是有些瑕疵的庫存商品。

(二)對消費者而言，可以趁機在特賣會上撿便宜，是吸引消費者來特賣會的最大誘因。

### 三、效益

對廠商而言，固定在全省各重要消費地點舉行特賣會，確實可以達到出清庫存、降低庫存率及增加營收現金流量資金週轉等，均使廠商可以達到最大效益。但是特賣會只是輔助性的促銷活動，不太可能成為全國性的促銷活動。

## 四、注意要點

(一)通常較大型的特賣會才會吸引到更多的人來參觀及選購,因此業者應號召同業共同參與、認租攤位,才有號召力。

(二)特賣會當然就是指商品的價格一定比平常賣的便宜很多,才會有效果。因此,折扣定價是特賣會規劃的重點。

(三)特賣會人潮擁擠,攤位在開放進出之下,商品很容易被竊走,廠商在忙著結帳之際,別忘了要注意偷竊行為。

(四)特賣會的各攤位現場主持人,應找較敢講話、又有吸引力的幹部支援,才能在現場激起熱烈氣氛。

(五)特賣會由於在特定地區舉辦,因此應該做適當的廣告宣傳,讓較多人知道有此特賣活動。

## 五、實例

### 〈實例1〉臺北婚紗珠寶展在臺北世貿三館舉行,具有集客功能

〈實例2〉 臺北休閒旅遊展在臺北信義威秀電影廣場舉行，具有
集客及下單功能

〈實例3〉 臺北世貿中心展覽館經常舉辦以內銷為目的的展覽會
或展場銷售會，對提升廠商短期業績，帶來正面效益

〈實例4〉臺北資訊展、電腦展、家電展是廠商經常參加的展覽會，圖爲奇美液晶電視廠商的舞臺活動

〈實例5〉acer宏碁電腦廠商在臺北資訊展的展場活動專區

### 〈實例6〉臺北數位影音展銷活動

### 〈實例7〉百貨服飾業總代理商舉辦聯合展售會，現場的廣告宣傳看板令人眼花撩亂

## 〈實例8〉 臺北國際美容醫學大展的展覽會現場

## ■ 第二節 來店禮、刷卡禮促銷 ■

### 一、呈現方式

　　過去百貨公司經常在週年慶或重大節慶舉辦促銷活動時,安排免費的來店禮,贈送給每一個進館的消費者;另外,還有至少購滿多少錢以上的刷卡禮等兩種。

　　不過近年來,免費的來店禮並不常見,主要是因為成本耗費大,而且人人有獎,並沒有鼓勵人們去消費購買的誘因。因此,現在通常是「來店刷卡禮」居多。

## 二、優點

來店刷卡禮主要目的有兩個，第一個是希望吸引人潮進來，愈多愈熱鬧；第二個則是希望人潮來了之後，多少買一些商品，這是一種形式上的條件限制。如此一來，將可避免人人來免費領獎的現象發生，也就不會失去來店獎的真正意義。

## 三、缺點

通常刷卡禮都是基本門檻以上即有的贈品，因此所送禮品的價值自然也不會太高，對較有錢的人或中上階級的人，誘因並不會太大。

## 四、效益

來店刷卡禮屬於SP促銷活動組合的一小環，屬於餐前小菜，不是主餐大菜，但對貪小便宜的部分消費者也算是一項小誘因。

## 五、注意要點

(一)在週年慶或重大節慶活動時，百貨公司經常擠得水洩不通，公司應多增設贈品服務區或櫃檯人員，不要讓消費者大排長龍，怨聲四起。

(二)有時候在領贈品時，還要填上顧客的基本資料，建立顧客的資料庫。

## ▶ 第三節 試吃促銷 ◀

## 一、優點

在各大賣場（超市、量販店）經常會有廠商擺攤，做「試吃」活動。

試吃活動的最大優點，是對新產品的知名度及產品的了解度會得到進一步的提升。

在幾千、幾百項產品中，有些新上市產品或老產品，可能因為沒錢打廣告，因此品牌知名度並不響亮，買過的人也不太多。因此，透過現場的試吃，以增強消費者對新產品的好感度及記憶度。

其實有些默默無聞的產品，它的口味還是不錯的，可以利用試吃的方式加以宣傳。

## 二、缺點

不過，畢竟試吃活動的據點數量、人員、天數，可能也不是相當普及，因此與電視廣告的大眾媒體宣傳相比，試吃宣傳的廣度就顯得小了很多。它所接觸到的人，每天可能只有幾十人或幾百人而已。

## 三、效益

如前所述，試吃活動主要針對下列三種商品：

(一)新商品上市。

(二)舊商品重新改變口味。

(三)過去較不具知名度的既有商品。

試吃活動算是地區性的搭配活動，具有小型效益。

## 四、注意要點

(一)試吃活動的現場人員除了會烹飪外，最好也應具銷售技巧，能夠推
　　銷商品給消費者購買。

(二)試吃活動最好也能搭配產品的其他促銷誘因，例如：舉辦買二送一
　　或是8折折扣優惠價等訴求，以打動消費者的購買欲望。

## ◆ 第四節　代言人廣告促銷 ◆

## 一、適用代言人的商品類型

利用代言人進行廣告促銷，也是經常看到的。下面是比較適合代言人幫忙商品做活動推廣的類型，包括：

(一)房地產（豪宅）。

(二)化妝品。

(三)保養品。

(四)鍋具。

(五)內衣。

(六)名牌精品。

(七)運動用品。

(八)健康食品。

(九)理財商品。

(十)公益活動。

## 二、優點

(一)代言人如果運用得當，可為商品或品牌在消費者心中建立：

　　*1.*吸引力。

　　*2.*說服力。

　　*3.*公信力。

　　*4.*同理心。

(二)適當正確的代言人，可以協助商品或品牌快速地打響知名度。

(三)成功的代言人，可以有效提高銷售成果。

## 三、缺點

　　但是代言人也未必完全是好或有效的，如果影歌星代言人本身私生活有令人爭議的地方，有可能會連帶影響商品本身的形象。廠商在保護自己的考量下，通常會在代言合約中，做好一些防範規約，例如：在合約裡列入立即中止代言的條款。

## 四、效益

　　基本上，代言人還是存在一些效益的，有時候可以把它當成是一種廣告費的支出。例如：國內外很多運動商品均會找知名運動選手擔任代言人，國內的SK-Ⅱ則找蕭薔、劉嘉玲、鄭秀文、莫文蔚、林志玲等知名影歌星擔任代言人，其實都有不錯的銷售結果。另外，Acer電腦找旅美職棒投手王建民擔任代言人；Sony Ericsson手機找王力宏擔任代言人；LV、Gucci及資生堂等則常找外國藝人或名模做代言人，亦均有正面效益。

## 五、注意要點

(一)代言人必須慎選，必須符合企業形象、消費者喜愛、商品特色、品牌定位等條件。

(二)代言人不一定只限於一個，否則十年下來都是看同一個人也會看膩，因此，代言人每年可以換一個，但品牌的忠誠仍留存著。

## 六、A咖代言人

　　目前代言費用至少要500萬元以上的A咖代言人，包括林志玲、周杰倫、王力宏、甄子丹、阮經天、趙又廷、吳尊、陶晶瑩、張惠妹、Jolin、劉嘉玲等。

七、實例

**〈實例1〉 藝人吳宗憲為巨蛋住宅區做代言人廣告，吸引一般購屋大眾，效果不錯**

**〈實例2〉 歐洲名牌手錶勞斯丹頓，以閩南語戲劇男主角陳昭榮為該錶的形象代言人，提高說服力**

**〈實例3〉 藝人陳美鳳爲鍋寶廚具產品代言，頗爲適合，**
**爲鍋寶品牌的建立帶來很大助益**

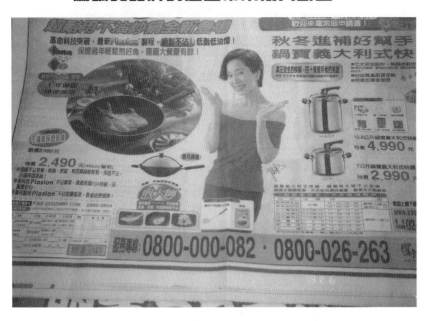

**〈實例4〉 藝人陳孝萱爲本土化妝保養品品牌FORTE代言，**
**FORTE爲台塑生技公司的產品**

## 〈實例5〉藝人郭子乾為桂格公司人蔘雞精代言，頗為符合產品調性

## 〈實例6〉藝人小S為OSIM按摩椅健身產品代言

〈實例7〉 前新聞主播林書煒及其小女兒為桂格成長奶粉代言，
頗為合適

〈實例8〉 藝人蔣怡為本土內衣品牌曼黛瑪璉代言，效果不錯

## 〈實例9〉 國際巨星妮可基嫚爲世界名錶OMEGA代言

## ◆ 第五節 新產品說明會／展示會促銷 ◆

### 一、經常舉行新產品說明會的產品

透過新產品說明會或展示會，以達到推廣目的，是應用的工具之一。下面是經常舉行新產品說明會的產品類別，包括：

(一)汽車。

(二)手機。

(三)資訊電腦。

(四)服裝。

(五)液晶電視。

(六)珠寶鑽石。

(七)名牌皮件。

(八)信用卡、現金卡、頂級卡。

(九)食品飲料。

### 二、效益

透過說明會或展示會，可以達到宣傳造勢效果，打出企業形象與品牌知名度雙雙提升的目的。

此種活動預算所費不多，大致數十萬到數百萬元，但若能配合記者的大量媒體報導，其效益是高的。

### 三、注意要點

(一)產品說明會或展示會，一般來說，如果公司內部沒有經驗，均可以委託外面知名的公關公司來協助規劃與執行。尤其公關公司的媒體關係也不錯，可以達到有效的見報率效果。

(二)公司負責人也經常是被報導的主要題材，因此，在重要的展示會上也會看到企業負責人走上舞臺，親自登場演出。

(三)如果是民生必需品的產品展示會，應該贈送公司產品給出席的媒體記者們，這種基本禮數是應該做到的。

(四)另外，若要製作平面或電視廣告，也可以把這些預算的人情提供給這些往來的記者們，他們才會努力寫稿上版面。

# 第六節　企業與品牌形象廣告促銷

## 一、呈現的種類

企業透過公益活動或是得獎活動，以宣傳企業形象與品牌形象是經常看到的。例如：幾年前P&G 寶僑公司推出「六分鐘護一生」的公益活動，就得到很多掌聲，此對P&G的商品推廣，具有長遠的效益。

就類型區分而言，大致可有三個方向：

(一)獲獎的自我肯定與宣傳，包括來自國內或國外的得獎。

(二)公司營運的突破記錄宣傳，包括業績突破多少、連鎖店數突破多少、收視率突破多少、連續多年的銷售冠軍、第一品牌的調查結果等。

(三)公司對公益付出的宣傳，包括捐助產品、捐助獎學金及聯合勸募、慈善義賣等。

## 二、效益

優良企業形象與品牌形象，是日積月累而成的，不是上三個月電視廣告、或做一、二次公益活動、改變CIS企業標識、叫出一、二句slogan、市占率第一名的公司等，就能打造出黃金的企業與品牌資產度。而且這方面的效益出現，時間也會拉得比較長，應有耐心，長久的灌溉、付出、真誠與努力，才會結出正果。

## 三、注意事項

企業與品牌形象的建立及提升，除了公司內部因素之外（例如：產品力……），另外如何與各大電視、報紙、雜誌與廣播等建立良好友誼關係，也是很重要的事。因為媒體高階與媒體記者們對公司的任何報導，都會對公司產生影響，包括正面或負面的報導。

## 四、實例

### 〈實例1〉La new皮鞋連鎖店推出「2003年用腳愛臺灣」活動布條宣傳

企劃重點

‧健康臺灣起步走，邀您四季動一動，30萬現金加千萬好禮送給您。

### 〈實例2〉 國泰世華銀行大型戶外霓虹燈廣告

企劃重點

‧國泰世華更名宣傳活動，在臺北仁愛路與敦化南路交叉路口的巨型戶外霓虹燈廣告，在夜色中尤為醒目，效果佳。

## 〈實例3〉 蘋果日報慈善基金會

**企劃重點**

・以實際捐款照片刊登，以證實收到閱讀者贊助款後的事實，提升公
信力，並肯定蘋果日報的公益行動。

## 〈實例4〉 國泰人壽及國泰金控刊登報紙廣告，以宣傳獲得天下雜誌的臺灣最佳聲望標竿企業的榮耀。此獲獎有助不斷提升該集團的企業形象

〈實例5〉 國內燕麥片食品領導桂格公司，推出十一項認證就是
保證的承諾，目的在提升品牌形象

〈實例6〉 日立冷氣連續十七年獲得國內冷氣的銷售冠軍，及理
想品牌調查第一名，此廣告宣傳目的也在提升其品牌
形象及企業形象

## 〈實例7〉acer宏碁公司耗資1億美元，贊助2012年倫敦奧運會，大大提升其在國際市場的品牌知名度及形象

## ◆ 第七節　服務增強促銷 ◆

### 一、優點

以服務增強為做法的促銷活動，具有以下優點：

(一)透過細心與完美的服務，可以提升顧客對本零售賣場的「好感度」，及購物進行中的「便利性」及「舒適性」。尤其在擁擠人潮中購物，是很痛苦和難過的，會影響不想湊熱鬧的人的購物心情。

(二)因此，以服務增強的促銷活動，是屬於間接性與無形性的輔助功能。雖然它不會直接促進多少的具體營收業績，但這是一種「服務策略」的必要性投資與堅守顧客導向理念的實踐。

### 二、效益

服務增強的效益發生，是緩慢的、由口碑傳播的、中長程的、累積久遠的一種必要追求的效益。很多廠商及賣場也愈來愈重視並加強此項活動的推廣。服務品質及服務用心，可能是企業行銷的重要競爭力之一。

### 三、注意事項

服務的增強，關鍵還是在人，也就是人的執行力問題，包括服務人員的學經歷素質、敬業態度、教育訓練的落實、服務績效指標的考核，以及上自老闆、下至各主管對服務增強的根本信念與認知。因此，廠商在甄選服務人員、制定服務內容，以及對人員教育訓練與企業文化的建立，都必須用心去做。

## 四、實例

# 〈實例1〉 新光三越百貨週年慶特別服務措施

## 企劃重點

1. 歡迎試穿服務：各專櫃歡迎試穿，滿意服務百分百。

2. 兒童貼心服務：週年慶期間於1樓服務臺、8樓諮詢臺，免費提供「兒童識別證」，歡迎您多加利用。

3. 貼心寄物服務：週年慶期間於B1、B2、2樓客梯前備有臨時寄物櫃，歡迎您多加利用。

4. 貼心提貨服務：週年慶期間於8、9、10樓備有工作人員提供重物提貨服務，歡迎您多加利用。

5. 貼心飲水設備：週年慶期間於1樓服務臺及雙數樓層客廁外增設飲水設備，歡迎您多加利用。

6. 貼心諮詢服務：週年慶期間購物諮詢專線2388-5552，分機4897，提供您臺北站前店詳盡的購物資訊。

7. 滿額宅配服務：週年慶期間限當日全館購物滿2,000元發票，可享全省免費配送服務（憑當日發票、限當日辦理）。

   (1)冷凍、冷藏品除外。

   (2)金、馬、澎湖離島及蘭嶼地區不配送。

   (3)地點：各樓櫃位及1樓服務臺後側。

   (4)當日16:00以前受理，隔日可送達；16:00後受理，第三日（含受理日）可送達。

8. 交通諮詢服務：週年慶期間交通諮詢專線2388-5552，分機4897，提供您臺北站前店完整交通路線查詢。

9. 「服務」水準與用心是對SP促銷的無形影響力，尤其服務業更須重視「服務競爭力」的提升，以獲取顧客的肯定、好感與口碑。

## 〈實例2〉統一7-11櫥窗宣傳「創新服務」廣告貼紙

企劃重點

・統一7-11是國內零售流通業中，表現最優秀卓越的創新企業，值得
肯定與讚賞。

## 〈實例3〉燦坤3C首家6星級服務，不滿意包退

### 企劃重點

1. 6星級服務內容包括：

(1)買貴退：買貴主動退2倍差價。

(2)快速涼：8小時精緻安裝保證。

(3)好康送：買就送標準安裝費。

(4)免費送：買再送負離子電風扇。

(5)輕鬆買：十五期零利率免手續費。

(6)安心買：國家級技術專家到府確認安裝。

2. 不滿意包退注意事項：

(1)限有效會員方可適用。

(2)會員活動時間內至燦坤門市內購買冷氣，已結清貨款並於5月10日前完成安裝者，若發生不滿意且符合相關規定者，即可辦理退貨。

(3)退貨方式：自安裝日起七日內（含安裝日），持原購買發票（若刷卡付款，另須附原刷卡單）、商品保證書及冷氣退貨商品確認單至原購買門市辦理退款，退款金額以發票上該商品實際付款金額並扣除安裝費後為計算基準，並以原付款方式辦理退款。

(4)不滿意包退原則：①該商品須保持完整（含所有配件、外包裝及贈品）；②外表不可刮傷或其他損壞；③因個人因素選購之冷氣造成冷氣房能力不足者，將不予以退換；④因安裝施工造成之現狀將不負責恢復。

## 〈實例4〉7-11安心便利銀行,就在您身邊

企劃重點

1. 強調全國2,050臺ATM機,24小時全年無休,提款轉帳最安心。

2. 配合拉霸拼大獎的兌獎及百萬大獎抽獎活動為促銷活動。

## 〈實例5〉全國電子總統級精緻安裝

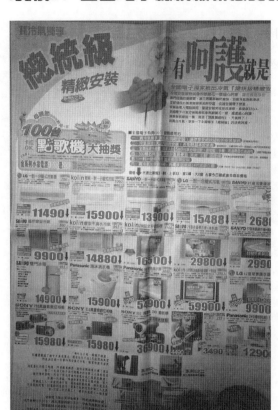

## 企劃重點

全國電子有夠cool！服務最用心！

1. 買冷氣獨享總統級精緻安裝，讓你享受總統級般的安裝服務（詳情請洽門市）。

2. 冷氣保證一天之內到府安裝，否則賠基本安裝費（窗型賠800元、分離式賠2,400元）（限暢銷一百種冷氣與適用區域，詳情請洽門市）。

3. 全商品免手續費、免保人的十五期零利率分期付款，連電腦、手機、周邊商品也通通有（分期恕不再贈送禮券，不適用買貴主動退差價）。

4. 五百種名牌冷氣保證跟進最便宜，買貴「主動」退差價（安裝費也保證最便宜喔）（限七日內，會員獨享，現場辦，立即享有）。

5. 一對一變頻冷氣，送免費標準安裝。

6. 買冷氣送原廠好禮，再獨家送東銘14吋高級立扇（市價990元，SKU：20457389，型號：TM1403）。

## 〈實例6〉 全國電子大小家電、音響維修5折，算一半就好

企劃重點

1.活動時間：自2005年2月22日至2月28日止。

2.適用對象：所有顧客（不是全國電子買的，也幫你修）！（詳情請洽門市）

## 〈實例7〉到飯店喝下午茶，刷台新銀行信用卡最優惠，多人同行更划算

### 企劃重點

1. 適用大飯店，包括陽明山中國麗緻飯店、臺北國賓大飯店、新竹國賓飯店、高雄國賓飯店、天祥晶華度假飯店、全國大飯店、臺北喜來登大飯店等。

2. 除優惠價外，尚可享「四人同行，一人免費」之優惠。

## 〈實例8〉 美國運通信用卡夠分量才能重重禮遇

## 企劃重點

1. 大飯店用餐,全年85折優待:入主美國運通信用白金卡,您可以在國內六大五星級飯店享受所有餐廳全年用餐85折(六福皇宮、臺北西華飯店、臺北君悅大飯店、臺北晶華酒店、臺中、高雄金典酒店)之優惠,恣意享受各式佳餚美饌。

2. 全球二十個國家精品店購物折扣優惠:再也不要讓各種聯名卡、折扣卡充斥於您的皮包內!美國運通白金信用卡在身,禮遇遍及各處。超過二十家的國際精品與七大都會購物中心均提供您全年消費購物85～95折優惠,給您精緻的生活與實質回饋,包括Armani Collezioni, BCBGMAXAZRIA, CERRUTI 1881, D'URBAN EXTÉ, GIANFRANCO FERRÉ, GF FERRE, HUGO, JUST Cavalli, KENZO, LAGERFELD, LLOYD, MAX & Co., MARELLA, Mothercare, MONDI, PAUL & JOE。

## 〈實例9〉愛買辦年貨，24小時不打烊服務

企劃重點

1. 愛買「幸運免費購物」，春節加碼瘋狂展開。

2. 活動期間自2月4日至2月8日，每天每店5名幸運消費者，讓您購物通通免費！

## ◢ 第八節 刮刮樂促銷 ◣

### 一、優點

刮刮樂促銷活動大都在賣場（現場）進行，買完東西之後，即可在櫃檯刮刮樂，具有一種立即性與刺激感，符合速戰速決的感受與期待揭曉，是刮刮樂活動最大的優點與特色。

### 二、注意要點

(一)刮中率應該高一些，最好統統有獎，即使是一些小贈品也好，這樣會讓消費者心中感受中獎的快樂。

(二)獎品不一定是商品，一些餐飲的招待券也是很受歡迎的。

### 三、效益

這是一種小型的促銷活動，可視為SP促銷活動組合中的一個小插曲。

### 四、實例

#### 〈實例1〉雀巢百刮百中歡樂送

**企劃重點**

1.雀巢咖啡舉辦買即可在賣場進行刮刮樂活動。

2.購買雀巢商品滿299元，憑發票即可至服務臺領取刮刮卡一張，就有機會刮中獎品。

## ◆ 第九節　報導型（廣編特輯）廣告宣傳 ◆

### 一、適用的產品

以長篇幅的報導型（廣編特輯）廣告宣傳方式，比較常見的如下：

(一)房地產產品。

(二)汽車產品。

(三)化妝保養品。

(四)保健產品。

(五)醫藥產品。

### 二、優點

對於一些高價位商品、理性商品及深度涉入商品，消費者必須有充分的資訊提供，才能深入了解及比較分析，最後才能下決策購買與否。

### 三、注意要點

報導型廣告宣傳除了文字外，也經常找一些名人證言或使用者證言，以強化報導的正確性、權威性與誘導性。

因此，人、產品畫面、文字、驗證數據等四者，形成報導型廣告宣傳的四大要素。

## 四、實例

### 〈實例1〉巨星剪燙連鎖店與台北商銀合作推出聯名卡，並以報導型廣告宣傳

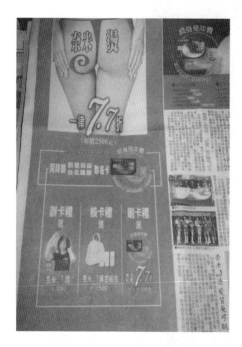

### 〈實例2〉台鹽化妝保養品異軍突起，並以深入報導型廣告宣傳促銷

**〈實例3〉 統一企業「四季」品牌醬油以深入報導型廣告宣傳**

**〈實例4〉 中華三菱休旅車以長文字旅遊報導型廣告宣傳該車款**

## 第十節　搜尋顧客名單換贈品促銷

### 一、優點

透過此方法，可以有效蒐集到一些潛在顧客名單，然後可以進行有效行銷的行動，達成營業目的。這對於一些特殊的產品，而且銷售給特殊的目標顧客，算是有效的方式。

### 二、注意要點

(一)收到顧客郵寄或傳真的資料名單之後，公司務必寄出贈品給對方，不應有所遺漏或欺騙。

(二)為確認顧客所填資料是否正確無誤，最好能再打個電話表示謝意，並技巧性地加以徵信。

## 第十一節　均一價促銷

### 一、優點

均一價促銷做法，是在各大零售賣場經常可以看到的SP促銷方式。其主要優點，還是在於能夠有效的促銷某些產品。由於均一價的價格比一般平常的價錢都低一些，因此會受到顧客的挑選。

另外，均一價也可以視為一種價格策略的運用。

### 二、注意要點

(一)均一價的實施，經常是要一起買三個以上，才會有均一價享受；如果只是買一瓶、一包，則會不夠促銷成本。

(二)均一價在賣場經常會設計一個「專區」來銷售，並有POP指示宣傳。

## ❖ 第十二節　買一送一 ❖

### 一、優點

「買一送一」、「買二送一」、「買五送一」或「加1元多一件」等，是廠商經常使用的促銷手法。其優點是能夠誘使顧客多買一件或多買一包，達到量購目的。雖然會損失那一件的成本，但是如果真能一次買五件、買八件，那麼總毛利額的增加，可以cover（補足）那一件的贈送成本，還是有利可圖的。特別是在廠商為現金流量急須週轉或想出清庫存時，都會使用此招數。

### 二、注意要點

(一)廠商應該計算贈送件的成本，必須多賣幾件的毛利收入，才能補回來。

(二)有時候廠商也會指定所謂「送一件」，不是任選的，而是用比較便宜或是過期、過季、退流行的商品來充當「送一件」。不過，此種行銷做法並不足取，是有點欺騙客戶的做法，會讓顧客抱怨。

### 三、實例

### 〈實例1〉佐丹奴服飾店「買八件送一件」的櫥窗宣傳廣告

## 〈實例2〉 蘋果日報爲慶祝二週年慶，與IS咖啡店異業結盟促銷活動，即買咖啡系列，享買一送一

### 企劃重點

*1.*搶吃時間：2005年5月3日至5月5日。

*2.*搶吃辦法：於活動期間內，只要剪下A1報頭優惠憑證，至IS COFFEE各門市，就享有咖啡飲品買一送一好康優惠。

*3.*注意事項：

　(1)此活動限使用現金。

　(2)IS COFFEE CLUB會員不再享有折扣優惠。

　(3)IS COFFEE 保有隨時調整活動之權利。

　(4)咖啡飲品不包含愛爾蘭咖啡、康那咖啡。

　(5)須購買咖啡飲品，始能享有加價15元購買盒裝三明治乙份優惠。

## 〈實例3〉 某牙刷品牌推出買二送一包裝式促銷活動

## 〈實例4〉 美極產品推出買三送一包裝式促銷活動

## 〈實例5〉 蘇菲生理用品推出買三送一促銷活動

## ▶ 第十三節 加價購促銷 ◀

加價購的目的是為了促銷另一項商品，而以較優惠便宜的價錢促銷此商品。加價購也經常被使用，特別是在便利商店，經常為了促銷新產品或既有的食品與飲料，同時祭出只要再加5元或10元，即可以買到以前要花20元才買得到的食品飲料，因此消費者會動心而多購買此便宜的加價商品。

## 〈實例1〉 華歌爾三十五週年慶，感恩回饋加價購

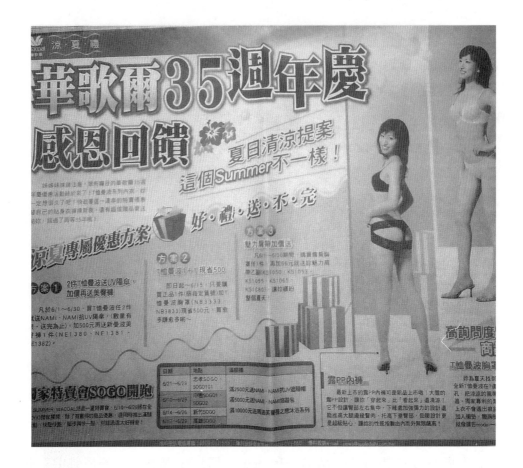

企劃重點

*1.*方案1：二件T恤曼波送UV陽傘，加價再送美臀褲

　　凡於6月1日至6月30日，買T恤曼波任二件，就送NAMI‧NAMI抗UV陽傘（數量有限，送完為止）。加500元再送新曼波美臀褲一件（NE1380、NE1381、NE1382）。

*2.*方案2：T恤曼波1＋1，現省500元

　　即日起至6月15日，只要購買正品一件（限指定貨號）加T恤曼波胸罩（NB3333、NB3833），現省500元，買愈多賺愈多。

*3.*方案3：魅力肩帶加價送

　　凡於6月1日至6月30日期間，購買露肩胸罩任一件，再加66元，就送你魅力肩帶乙副（KS1050、KS1053、KS1055、KS1065、KS1080），讓你繽紛整個夏天。

## 〈實例2〉 Extra幾米貼心送

### 企劃重點

· Extra口香糖推出購買二袋Extra口香糖，再加價20元，即可獲贈幾米絨毛手機座之促銷活動。

〈**實例3**〉 班尼路服飾連鎖店推出購物滿990元+99元即可加購到
哆啦A夢公仔一隻

# 第 3 篇

● 促銷最新發展案例圖片彙輯

🏆 圖1 臺北SOGO百貨公司年度週年慶盛大開場之專刊宣傳封面

🏆 圖2 全聯福利中心舉辦衛生棉促銷活動，以「59折」為優惠價格

♟ 圖3　臺北101精品購物中心舉辦週年慶衝買氣，以「滿千送百」促銷優惠，「最高回饋12%」為訴求，圖為媒體宣傳報導

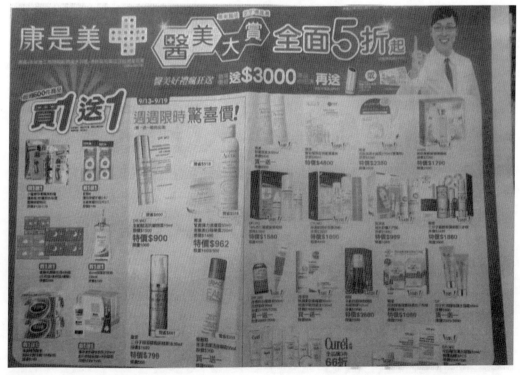

♟ 圖4　康是美藥妝店舉辦醫美大賞「全面5折起」促銷優惠，並且搭配買一送一活動

👋 圖5　全聯福利中心舉辦「買一送一」咖啡大賞促銷優惠

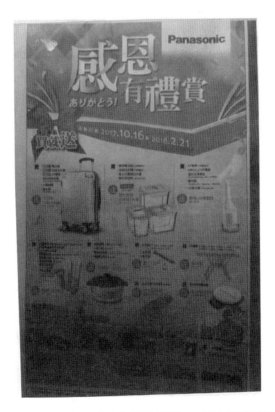

👋 圖6　日系Panasonic小家電產品舉辦「買就送」感恩有禮賞促銷活動，凡購買滿
　　　　多少錢，即送某種贈品為誘因

📷 圖7 遠東百貨公司舉辦週年慶，主力以「滿2,000元送200元」、「滿5,000元送500元」等為促銷誘因

📷 圖8 臺北禮客OUTLET（暢貨中心）舉辦週年慶，以「單筆滿6,000元再送300元」為促銷優惠活動

🏆 圖9　全國電子連鎖店為迎接開學季,舉辦「電腦三十期零利率」分期付款優惠
　　　　活動

🏆 圖10　愛買量販店慶讚中元節,舉辦「上萬商品44折起」促銷優惠活動

圖11 家樂福量販店中元節加碼，舉辦「買滿2千元回饋10%」的促銷優惠活動

圖12 全聯福利中心舉辦中元節促銷再一波，「下殺集點換廚具」的集點促銷活動

🛏 圖13　床的世界舉辦「全館床墊58折」，再加碼「滿萬送千」促銷活動

🛏 圖14　全聯福利中心舉辦「超級品牌月」活動，集結超級品牌，給您超優惠促
　　　　銷活動

圖15　TOUGH皮衣服飾品牌舉辦「4折」促銷活動

圖16　臺北新光三越百貨公司舉辦週年慶活動，以「全館8折起」促銷誘因，吸引買氣

🏛 圖17　臺北三創生活園區舉辦週年慶，主軸以「滿5,000送500」為促銷誘因

🏛 圖18　網購公司PChome舉辦雙11節促銷活動，「回饋率最高達17%」，並舉辦
　　　　「巨星之夜」，送出百萬紅包

🔖 圖19　服飾品牌Super Day舉辦「5折起」促銷活動

🔖 圖20　SOGO百貨公司舉辦30週年慶，主力以美妝品滿6,000元送700元為促銷誘因，以吸引買氣

🏛 圖21　新光三越百貨公司舉辦週年慶，圖片為美麗專刊封面

🏛 圖22　新北市板橋大遠百公司舉辦週年慶，祭出「14.2%超強回饋」，圖片為新聞媒體宣傳報導

圖23　屈臣氏美妝連鎖店舉辦「88折」優惠活動，並搭配600件商品「買一送一」活動

圖24　momo型錄舉辦週年慶活動，祭出「13%紅利金回饋」促銷誘因

♟ 圖25　臺北國際旅展效果好，吸引上萬民眾搶好康，各大旅遊公司及大飯店均
　　　　參展

♟ 圖26　家樂福VIP卡提供持卡會員專屬五大優惠，主力為點數加倍回饋活動

♟ 圖27　全國電子推出「小家電十五期零利率分期付款」及「滿3,000元送500元現金折價券」雙重優惠活動，再享「小家電終身免費維修」服務

♟ 圖28　7-11推出「49元」及「59元」超值早餐組合優惠活動

圖29 7-11推出City Cafe「第二杯7折」優惠活動

圖30 7-11推出「任二瓶79元」超值回饋活動,以飲品為主

🛍 圖31　7-11推出「指定品項第二件6折」促銷優惠活動

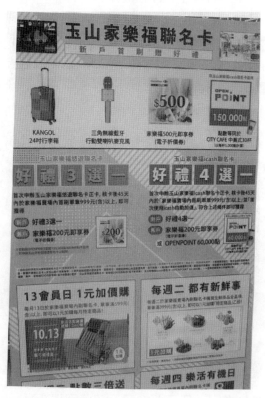

🛍 圖32　家樂福量販店與玉山銀行推出聯名卡申辦「好禮三選一」優惠活動，以刺激辦卡量

🍡 圖33　7-11推出各種飲品「第二件6折」優惠活動

🍡 圖34　曼都髮廊推出「燙護染髮75折」以及「剪髮8折」優惠活動

圖35　燦坤3C連鎖店舉辦週年慶活動，圖片為該門市店之宣傳布條招牌

圖36　日系SHARP家電推出40吋液晶電視機只要9,999元促銷活動，較原價
　　　12,900元可謂相當便宜

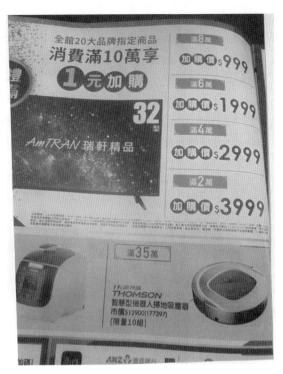

　圖37　燦坤3C連鎖店推出消費滿10萬元，即享1元加購32吋液晶電視機的「加價購」促銷優惠活動

　圖38　Panasonic推出十八期及三十期零利率分期付款優惠活動

圖39　韓國SAMSUNG品牌推出「零利率」分期付款及「買就送」優惠活動

圖40　日系HITACHI品牌推出十八期零利率分期付款優惠活動

圖41 SONY推出十二期零利率分期付款優惠活動

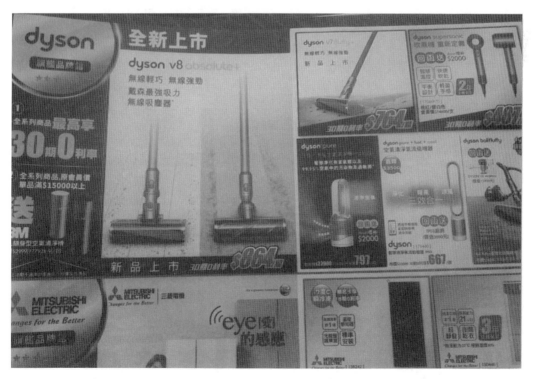

圖42 dyson吸塵器推出三十期零利率分期付款優惠活動

🖨 圖43　ASUS筆電推出購物滿2萬元即送好禮四選一優惠活動

🖨 圖44　acer筆電推出購物滿2萬元送好禮四選一優惠活動

圖45　義美直營店推出名點大賞「任二件85折」優惠活動

圖46　電信公司推出4G上網吃到飽「月租388元」優惠促銷活動

圖47　全國電子推出「小家電終身免費維修」優惠活動

圖48　全國電子推出「滿3,000元送500元」及「十五期零利率」雙重優惠活動

🎂 圖49　黛安芬門市店推出「買四送一」及「任二套1,980元」優惠活動

🎂 圖50　黛安芬旅行趣推出「三套2,680元」促銷優惠活動

圖51　舒潔衛生紙推出「省SAVE特價」優惠活動

圖52　屈臣氏推出「全店購物滿1,500元送100元」優惠活動

圖53　康是美推出「滿1,500元送150元」及「加1元多一件」優惠活動

圖54　屈臣氏推出「會員購物滿688元送50元」優惠活動

圖55　棉花田有機店推出「感恩回饋，全館9折」優惠活動

圖56　全聯福利中心舉辦「咖啡大賞，買一送一」優惠活動

圖57　台新信用卡與全聯福利中心合作，「單筆最高贈150福利點」及「單月滿額再加碼2%刷卡金」優惠活動

圖58　高露潔牙膏推出「特惠價64.5元」優惠活動

🏛 圖59　全聯福利中心推出「抗漲專區」特惠價格活動

🏛 圖60　聯合利華公司推出「年終搶購，買二送一活動」

圖61 m&m巧克力推出「買一送一」優惠活動

圖62 中國信託信用卡與全聯福利中心合作「加贈50福利點」優惠活動

🏮 圖63　全聯福利中心推出「福利卡限定價」優惠活動

🏮 圖64　可口可樂及黑松沙士均推出「特價商品」優惠活動

🏆 圖65 頂好超市推出「特價活動」，以吸引顧客消費

🏆 圖66 頂好超市推出平價的「自有品牌」產品，用平價吸引顧客

🏷 圖67　頂好超市推出「任選二瓶59元」優惠活動

🏷 圖68　屈臣氏舉辦「買一送一」週年慶活動

🏫 圖69　全家便利商店推出「早餐到全家39元及49元」優惠活動

🏫 圖70　7-11推出美式及拿鐵咖啡「買一送一」優惠活動

♣ 圖71　85度C連鎖店推出「咖啡第二杯半價」優惠活動

♣ 圖72　頂好超市推出「清倉商品」促銷價格，以吸引顧客選購

👤 圖73 亞培品牌推出「買二箱送四罐」及「買十二罐送一罐」促銷活動

👤 圖74 亞藝影藝推出凡「出租十支以上,可延長租期為十五天」優惠活動

🍎 圖75　水果攤也知道要促銷，以「產地直銷，三盒100元」特價優惠作促銷

🍎 圖76　臺北101購物中心，推出週年慶專刊，寄給經常消費的顧客群

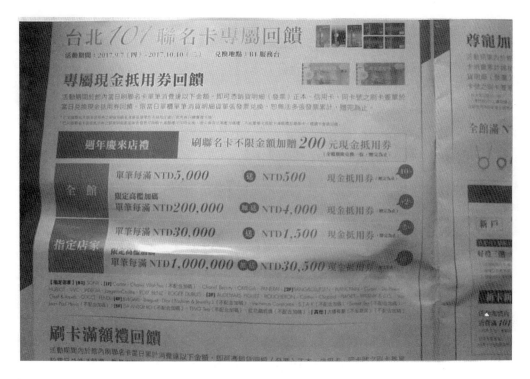

🏆 圖77 臺北101購物中心推出週年慶活動，以「滿5,000元送500元現金抵用券」為優惠促銷

🏆 圖78 全家便利商店推出Let's Café「第二杯7折」優惠促銷

圖79　全聯福利中心推出「抗漲專區特惠價」優惠活動

圖80　屈臣氏週年慶活動，以「買一送一」為主力優惠

🍎 圖81 百貨公司推出「刷卡滿額禮」回饋優惠活動

🍎 圖82 全家便利商店夏天主力產品「酷繽沙」，推出「全品項49元起」優惠活動

🏛 圖83　臺北101購物中心推出尊寵加碼禮，以全館購物滿100萬元，即加贈澳門雙人遊兌換券乙份

🏛 圖84　全聯福利中心推出魚品特價活動，買五片送一片優惠活動

🏆 圖85 臺北101購物中心推出會員專屬回饋活動，滿3萬元即送紀念熊一隻

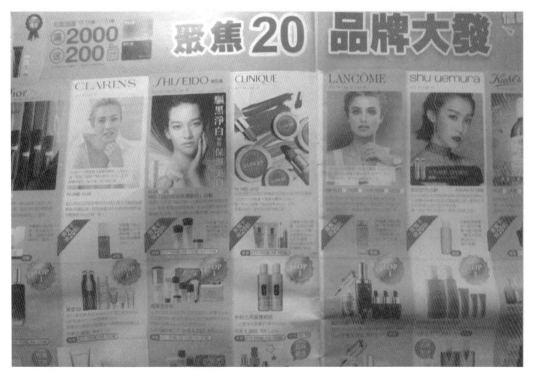

🏆 圖86 新光三越百貨週年慶，推出美妝產品「滿2,000元送200元」禮券活動

圖87　SKECHERS運動鞋品牌，推出「全館6折起」優惠活動

圖88　SKECHERS運動鞋品牌，推出「單筆消費滿3,300元，現抵300元」促銷
　　　活動

🍎 圖89　Mac品牌推出「滿萬現折500元」優惠活動

🍎 圖90　運動飲料推出「第二件6折」優惠活動

🍎 圖91　某服飾品牌推出「買一送一」優惠活動

🍎 圖92　adidas運動用品，推出「全館35折起」優惠活動

🏆 圖93 adidas運動用品推出「二件8折、三件7折」優惠活動

🏆 圖94 思薇爾品牌推出「二套1200元」特價活動

圖95　葡萄酒品牌推出「買二送一」優惠活動

圖96　家樂福量販店家電館推出「每滿5,000元送500元」優惠活動

10/19-11/10
凡購買大赫本櫃寢具之
枕頭/棉被/兩用被/床罩組
全系列商品，單筆消費
滿**3000**元
送貓頭鷹抱枕一個
滿**5000**元
送天絲薄枕頭套一個
滿**10000**元
送羔羊絨軟軟被一件
(限單筆發票)
活動限定店別:新店店
贈品請洽現場專櫃服務人員領取

🏛 圖97　寢具品牌推出購物滿3,000元即加贈產品優惠活動

🏛 圖98　白蘭品牌推出「買一送一」優惠活動

🎖 圖99　藍寶洗衣精品牌推出「第二件5折」優惠活動

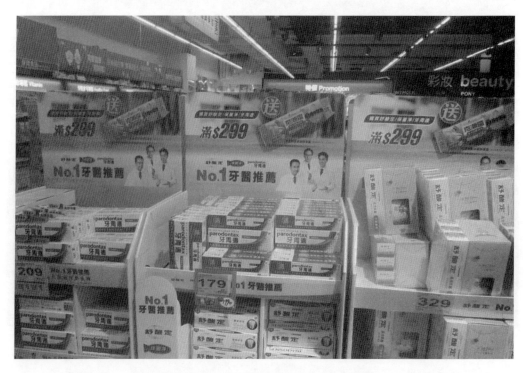

🎖 圖100　舒酸定牙膏推出「購物滿299元即加贈產品」優惠活動

♨ 圖101 靠得住衛生棉推出「第二件5折」優惠活動

♨ 圖102 靠得住衛生棉推出「買就抽家電等大獎」優惠活動

🏪 圖103 多芬洗髮乳推出「第二件5折」優惠活動

🏪 圖104 瑞士巧克力推出「二件省更多」優惠活動

🏭 圖105　唯潔雅衛生紙推出「特價99元」優惠活動

🏭 圖106　金莎巧克力推出「特價166元」優惠活動

圖107　福樂優酪推出「第二件5折」優惠活動

圖108　家樂福量販店推出平價、高CP值的自有品牌產品

🏛 圖109　臺北國際旅展推出 大量優惠價格的旅遊行程及飯店餐券，頗受歡迎

🏛 圖110　臺北麗晶名牌精品街推出「麗晶之夜封館趴」，以尊寵600位VIP顧客，並創造業績

♟ 圖111　家樂福量販店辦會員卡即享有六大好康，是成功的會員紅利點數集點卡

♟ 圖112　SUBARU汽車推出「歡慶價129.9萬」優惠活動

# 第4篇

● 促銷企劃實戰「短個案」

個案1

# 某化妝品公司「年度歡騰獻禮」活動內容規劃

## 一、時間

○○年11月10日～11月21日。

## 二、地點

太平洋SOGO百貨忠孝館週年慶。

## 三、活動內容規劃

### (一)全系列9折回饋

獨家精選，絕無僅有，限量超值的寵愛，即刻讓你擁有！

配合百貨公司週年慶，凡購買○○○○產品全系列9折回饋，再獻上三重等級奢華禮。

### (二)三階滿就送贈品

*1.*第一階：滿3,500元送「水妍采禮」

活動期間於櫃上購物折扣後滿3,500，元送「水妍采禮」。

「水妍采禮」：

(1)紅石榴維他命能量精華30*ml*。

(2)水潤全效多元保濕霜15*ml*。

(3)完美煥顏修護精華7*ml*。

(4)細緻煥采潔面乳30*ml*。

(5)柔潤舒緩面膜1pk。

(6)純色蜜果唇凍7*ml*。

(7)XL無限長睫毛膏3.5*ml*。

*2.*第二階：滿7,000元加送「棕情提包組」

活動期間於櫃上折扣後滿7,000元，送「水妍采禮」＋「棕情提包

組」。

「棕情提包組」：

(1)手提包尺寸：37.5×12×19cm。

(2)化妝包尺寸：16×6×11cm。

3.第三階：滿10,500元再加送「美麗香氛組」

活動期間於櫃上購物折扣後滿10,500元，送「水妍采禮」＋「棕情提包組」＋「美麗香氛組」。

「美麗香氛組」：

(1)美麗輕柔香水$4.7ml$。

(2)美麗輕柔香體乳液$50ml$。

(3)美麗輕柔沐浴乳$50ml$。

(4)手拿包。

個案2

# 某珠寶鑽石連鎖店「10週年慶」促銷活動方案

## 一、主題

歡慶○○○璀璨10週年。

## 二、活動內容

### (一)歡慶週年搶鑽特惠（9/9～9/25）

週年慶期間，八心八箭、完美車工、附國際證書之特選款鑽飾特價優惠（數量有限，購完為止）！

### (二)歡慶週年甜蜜優惠（9/9～9/25）

週年慶期間，只要結婚剛好10週年，憑結婚證書（或影本）或結婚照等相關證明，即可享有8折之購物優惠。

### (三)新品鑑賞會

時尚、優雅、璀璨、經典，敬邀您親身體驗○○○嶄新珠寶世界的精緻美感與眩感魅力！

日期／場次　9/2　臺北太平洋崇光百貨

9/22　臺南新光三越新天地

9/23　高雄漢神百貨

9/27　臺北大葉高島屋百貨

10/6　新竹太平洋百貨

時　　　間 1:30～5:00pm

出席貴賓將獲贈精美小禮物乙份，現場消費享有VIP級特殊優惠。

## 三、行銷據點

(一)忠孝旗艦店／臺北市敦化南路一段219號。

(二)全省新光三越百貨。

(三)臺北太平洋SOGO忠孝本館。

(四)雙和太平洋百貨。

(五)臺北大葉高島屋。

(六)板橋遠東百貨。

(七)中壢SOGO百貨元化店。

(八)新竹太平洋SOGO。

(九)臺中中友百貨。

(十)臺中廣三SOGO。

(十一)高雄漢神百貨。

(十二)屏東太平洋百貨。

## 四、10週年慶活動預算成本估算

## 五、10週年慶效益目標預估

(一)營收額增加目標效益。

(二)獲利額增加目標效益。

(三)新顧客會員人數增加目標效益。

(四)舊會員鞏固目標效益。

註：○○○以全新風貌問世，不僅朝向具品味、特色的珠寶專門店邁進，更引進數個極富盛名、風靡國際的珠寶品牌，淋漓呈現珠寶時尚的多樣風采。

個案3

# 某大百貨公司「人人有獎刮刮樂」促銷活動

## 一、活動名稱

全省○○○○百貨公司「人人有獎刮刮樂」活動。

## 二、活動日期

12月23日至1月8日，計十二天。

## 三、活動辦法

活動期間內，於單店當日全館累計消費滿3,000元以上，憑當日消費發票（不含商品禮券、提貨券及手開二、三聯式發票）至贈品處兌換刮刮券乙張，滿6,000元可兌換刮刮券兩張，以此類推。20部MINI COOPER汽車、260臺Panasonic 32吋液晶電視、○○○○商品禮券500元、200元、100元等大獎等您來拿喔！刮中集字獎項者，可憑刮刮券兌換精緻紅包袋乙份，活動期間內集滿「○」、「○」、「○」、「○」四張刮刮券，立即送您Panasonic 42吋電漿電視乙臺。

## 四、詳細活動辦法，請參見店內贈品處公告

## 五、注意事項

(一)發票恕不跨店跨日累計，隔日發票不可共同累計。

(二)刮刮券未蓋各店販促章或不可刮除區刮除均視為無效。

(三)中獎及「○○○○」集字活動刮刮券，限於2006年1月8日前兌換贈品，逾期恕不受理。

(四)刮中獎項恕不接受更換或折現，商品瑕疵不在此限。

(五)商品禮券於全省○○○○皆可使用，恕不找零，亦不得折換現金。

(六)已兌換發票之剩餘金額，不可併入下次兌換累計。

(七)依中華民國稅法，獎品價值超過1,001元以上，須由○○○開立扣繳憑單；價值超過13,333元以上須繳付稅金，本國人15%、外國人

20%，並由○○○○代收及於年度統一開立扣繳憑單。

(八)其他未盡事宜以贈品處公告為準。

# 六、手氣紅不讓（目前幸運中獎名單公告）

(一)MINI COOPER汽車

溫☆琳（臺南中山店）／潘☆忠（信義新天地）／黃☆安（臺中店）。

(二)Panasonic 42吋電漿電視

張☆賢（高雄三多店）／李☆儒（信義新天地）等人。

(三)Panasonic 32吋液晶電視

李☆五（臺北南京西路店）／徐☆卿（臺北南京西路店）。

杜☆敏（臺北站前店）／劉☆樺（臺北站前店）。

王☆堯（信義新天地）／張☆卿（信義新天地）。

鍾☆揚（信義新天地）／曾☆輝（新竹店）。

彰☆桂（新竹店）／謝☆青（臺中店）。

莊☆芸（臺中店）／郭☆秀（臺南中山店）。

陳☆竹（臺南中山店）／高☆婷（臺南新天地）。

溫☆燕（臺南新天地）／廖☆勉（高雄三多店）。

楊☆美（高雄三多店）等人。

個案4

# 某飲料公司推出「抽獎促銷」活動

## 一、活動設計

(一)活動時間：即日起至9月22日，共有8,888個獎項等你拿。

(二)活動辦法：喝○○寶特瓶及易開罐商品，集活動貼紙二枚，註明姓名、地址、電話，於9月22日前寄至114臺北市民權東路6段25號5樓中天電視臺「○○活動小組」收。

(三)活動獎項：

　　頭獎：長榮航空香港迪士尼樂園三天二夜自由行——1人中獎，4人同行（共88名，每次抽出22名）。

　　二獎：高級旅行背包（共800名，每次抽出200名）。

　　普獎：YoYoMan家族手偶（共8,000名，每次抽出2,000名；四種造型，分次抽出：7/22抽A、8/12抽B、9/2抽C、9/23抽D）。

(四)抽獎日期：7/22、8/12、9/2、9/23，共4次，並於抽獎當天約20:20pm中天娛樂臺樂透開獎節目前播出。

詳細活動辦法，請參考活動商品包裝或上○○網店http://www.ney.com.tw。

## 二、注意事項

(一)贈品以實物為準。

(二)○○公司員工不得參加本活動。

(三)贈品獎值13,333元以上者，須依法繳納15%機會中獎所得稅。

(四)普獎手偶寬18cm×高23cm，共四種造型，每次抽獎手偶造型不同。

(五)頭獎獎項，當次抽獎中獎者不得重複。

(六)頭獎內含桃園至香港來回機票四張、香港二間雙人房二晚住宿、香港迪士尼樂園入場券四張，未含個人觀光費、簽證費、兩地機場稅、航空險、旅遊保險等費用；出團時間可指定，多梯次供選擇，惟每梯次團人數限定；未盡事宜，依中獎通知函說明為準。

(七)○○公司擁有修改及取消本活動的權利而不作事前通知，亦有權對變動之所有事宜作出解釋或裁決。

個案5

# 某内衣公司「促銷活動」設計

## 一、主題

好禮四重奏。

## 二、時間

即日起到10月31日止，全省百貨專櫃。

## 三、活動內容

### (一)來店禮

憑截角至全省百貨○○專櫃，即可兌換「壓箱蒐集夾」乙組（即日起至10月31日止）。

### (二)試穿禮

至全省百貨○○專櫃試穿全系列商品，即可獲贈「私密小話本」乙本（即日起至10月31日止）。

### (三)購物禮

蝴蝶癮系列——買衣送褲，此優惠不可與其他優惠方式合併使用。

### (四)樂透禮

一百套精緻內衣（價值150,000元）。

個案6

# 某購物中心推出「週年慶」促銷活動計畫設計

## 一、主題

歡慶週年○○○聯名卡友刷卡好禮八重送。

## 二、活動設計

(一)好禮一：○○○聯名卡友滿額贈，最高回饋10%

1.活動期間：○○年10月27日（日）～11月13日（日）。

2.兌換地點：5F贈品兌換中心。

3.活動內容：持○○○聯名卡當日累計刷卡消費。

(1)館內（B活動店家不適用，限50萬元以內消費）：

滿8,000元（含）以上即可兌換「玫瑰花漾瓷器組」乙組或

滿10,000元（含）以上即可兌換「800元現金抵用券」或

滿20,000元（含）以上即可兌換「1,600元現金抵用券」或

滿50,000元（含）以上即可兌換「4,000元現金抵用券」或

滿100,000元（含）以上即可兌換「10,000元現金抵用券」或

滿200,000元（含）以上即可兌換「20,000元現金抵用券」或

滿500,0001元（含）以上即可兌換「50,000元現金抵用券」。

(2)頂級珠寶手錶精品回饋50%：

持○○○聯名卡於OMEGA、Cartier、BVLGARI、PIAGET、
WATCHES & JEWELLERY、VAN CLEEF & ARPELS店內刷卡
消費滿10,000元（含），即可兌換500元現金抵用券，滿20,000元
（含）即可兌換1,000現金抵用券……以此類推。

4.○○○聯名卡友滿額贈注意事項：

(1)A、B活動僅能擇一參加，如已兌換「玫瑰花漾瓷器組」，不得兌換
現金抵用券，贈品贈馨將以等值商品替代。

(2)現金抵用券使用期限至○○年11月30日止,逾期作廢,且不得使用於以下店家:7-Eleven、中華電信、Jasons Market Place、屈臣氏、SOGO、101、Just gold、Just diamond、LOUIS VUITTON、Cartier、Sony Style Taipei、BOSE、Mint Bar、國際宴會廳、觀景臺票券及紀念品、美食街、主題餐廳及咖啡廳與部分臨時櫃。使用現金抵用券消費後所開立之發票金額為零價,且不得使用於購買臺北○○○購物中心商品禮券。

(3)購買臺北○○○購物中心商品禮券金額不列入計算。

## (二)好禮二:SOGO○○○精緻生活滿額贈

1. 活動期間:○○年10月27日(四)～11月13日(日)。

2. 兌換地點:SOGO贈獎處。

3. 活動內容:持101聯名卡於SOGO○○○館內當日累計刷卡消費滿5,000元(含)以上,即可兌換「溫馨暖冬拖鞋」乙雙。

滿1,5000元(含)以上,即可兌換「精緻繡花毛巾禮盒」乙盒。

滿50,000元(含)以上,即可兌換「NARUMI午茶對杯組」乙組。

(贈品贈罄將以等價商品替代)

## (三)好禮三:SOGO○○○雅詩蘭黛滿額贈

1. 活動期間:○○年10月27日(四)～11月1日(二)。

2. 兌換地點:2F ESTĒE LAUDER雅詩蘭黛專櫃。

3. 活動內容:持○○○聯名卡於3F當日累計刷卡消費滿5,000元(含)以上,即可兌換「雙重滋養金采活研霜」7ml乙瓶(限120瓶,化妝品僅限雅詩蘭黛專櫃,每人限兌換乙瓶)。

## (四)好禮四:SOGO○○○肌膚之鑰滿額贈

1. 活動期間:○○年11月2日(三)～11月5日(六)。

2. 兌換地點:2F CPB肌膚之鑰專櫃。

3. 活動內容:持○○○聯名卡於3F當日累計刷卡消費滿30,000元(含)以上,即可兌換「精美禮品」乙份及「敷容療程券」乙張(每人限領乙份,恕不累計贈送)。

## (五)好禮五:SOGO○○○Elizabeth Arden加價購

1. 活動期間:○○年11月2日(三)～11月5日(六)。

*2.*兌換地點：2F Elizabeth Arden專櫃。

*3.*活動內容：持○○○聯名卡於全館當日刷卡消費不限金額發票，即可加價購買「時空草本膠囊37顆」（價值1,200元，限1,000組）。

## (六)好禮六：SOGO○○○貴賓來店禮

*1.*活動期間：○○年11月2日（三）～11月5日（六）。

*2.*兌換地點：2F SOGO ○○○贈獎處。

*3.*活動內容：持○○○聯名卡與活動截角於SOGO○○○館內，當日刷卡金額即可兌換「竹精靈竹炭包禮盒」乙盒（限1,500組，限兌換乙次）。

## (七)好禮七：SOGO○○○香華天貴賓來店禮

*1.*活動期間：○○年11月2日（三）～11月7日（一）。

*2.*兌換地點：2F香華天專櫃。

*3.*活動內容：憑活動截角即可兌換「銀淑飛天調理霜」7*ml*（每人限兌換乙瓶，贈品贈罄將以同等值商品代替）。

## (八)好禮八：SOGO貴賓回饋禮

*1.*活動期間：○○年10月27日（四）～11月14日（一）。

*2.*兌換地點：2F施舒雅專櫃。

*3.*活動內容：凡美髮會員或○○○聯名卡友，於活動期間至施舒雅燙＋染，即贈送Rame Reme染／燙前護髮乙次（每人限乙次）。

## 三、○○○聯名卡友六期零利率

「Smart Buy，Easy Pay！」○○○聯名卡友六期零利率！

○○○聯名卡友六期零利率活動：

(一)當日單筆刷卡消費滿6,000元（含）以上，立即享六期零利率獨家優惠，卡友消費點數3.5倍狂飆。

(二)刷卡消費滿2,000元（含）以上，○○○聯名卡紅利每30元得3.5點，其他中信卡每30元變3點。

(三)卡友消費點數立即折抵：刷卡消費滿1,000元（含）以上，得以紅利點數當場折抵該筆消費金額。

## 四、注意事項

詳細活動內容請依館內公告為準，TAIPEI 101 MALL與○○○○銀行保留修改活動內容之權益。

## 個案7

# 某購物中心「週年慶」促銷活動設計

## 一、主題

歡慶週年，天天抽10.1萬元。

## 二、活動內容

天天抽101,000元。

## 三、活動期間

○○年10月27日（四）～11月13日（日）。

## 四、兌換地點

5F贈品兌換中心。

## 五、活動內容

全館當日累計消費滿3,000元（含）以上，即可兌換「抽獎券」乙張，就有機會天天獨得101,000元現金抵用券。（限每日一名，每日已中獎之抽獎券恕無法繼續參加抽獎！）

抽獎時間為每日20:30於4F都會廣場公開抽獎，11月13日消費的抽獎券則於11月14日上午11:30抽出。中獎名單將公布於臺北○○○購物中心網站及服務臺，所有中獎名單將以電話或專函通知，中獎者須憑抽獎券存根聯及消費發票於11月15日～11月19日每日11:00～21:00兌換，現金抵用券須於○○年11月30日前使用完畢。

依中華民國稅法規定，獎品價值超過1,000元（含），須填寫領獎收據，年底由本公司寄發扣繳憑單。又獎品價值如果超過13,334元（含），將由本公司代扣15%機會中獎所得稅（外國人20%）。

詳細活動辦法依現場公告為準，本公司保有變更活動之權利。

個案8

# 某百貨公司「週年慶」促銷活動五部曲

## 一、活動設計

### (一)首部曲

*1.*活動時間：10月27日（四）～11月13日（日）。

*2.*活動內容：滿2,000再送200。

週年慶期間（10/27～11/13），憑1F化妝品區專櫃當日購物消費累計滿2,000元之發票（不含商品禮券、提貨券、二、三聯式及手開式發票），即可至○○○館6F贈品處／○○○館7F贈品處／○○○館9F贈品處／○○○館1F贈品處兌換○○○○商品禮券200元；滿4,000元可兌換400元，依此類推。

*3.*附註說明：

(1)須累計當日發票並於當日兌換（隔日發票恕不兌換），商品禮券使用期限至○○年12月31日止。

(2)商品禮券○○○○○使用，除名品、1F化妝品區、餐飲不可使用外，其餘業種均可使用。

(3)恕不參加週年慶滿額集點送（頂級加碼化妝品除外）。

### (二)二部曲

化妝品9折起特惠組+滿額贈：

*1.*ESTĒE LAUDER

(1)滿3,500元贈微醺秋采7件組。

(2)滿7,000元加贈燦黑提包組。

(3)滿10,500元再加贈霓采香氛組。

(4)消費不限金額加贈純色冰紛雙色眼影精巧版。

(5)每人限贈乙份，限量800組。

2.Christian Dior

(1)滿3,800元贈逆時活膚保養7件組／雪晶靈，超淨化美白7件組／水律動保濕8件組（三選一）。

(2)滿6,600元加贈迪奧時髦浴巾組（價值3,000元）。

(3)滿9,800元再贈最愛迪奧旅行提包組（價值3,200元）（可含一組特惠組合）。

## (三)三部曲

○○○○○獨家品牌日限量加贈禮：

1.於指定專櫃當日購物滿8,000元，即享獨家限量加購禮甜蜜生活玉膳鍋。

2.於指定專櫃當日購物滿12,000元，即享獨家限量加贈禮。

3.聲寶電茶壺。

## (四)四部曲

六星級VIP頂級回饋加碼送：

1.週年慶活動期間（10/27～11/13）購買指定商品之消費發票，可於該欄位上立即獲得○○○○週年慶購物集點送加贈點數。

2.此活動之發票不得與其他發票共同累計參加週年慶購物集點送活動。

## (五)五部曲

○○○○○獨家：

1.全館單櫃滿額加贈禮。

2.10月27日（四）～11月13日（日），恕不可同步參加週年慶集利連三月活動。

3.凡週年慶期間於○○○○新天地單日單櫃購物累積滿額（10/27～11/13，名品區發票除外），即可兌換精美好禮。

4.以上門檻不得重複累積，每人限贈乙份，恕不累計贈送，商品禮券、提貨券、二、三聯式及手開式發票恕不接受兌換（A9館為不同滿額回饋禮／Fnac恕不參加）。

(1)滿20,000元，精緻好禮二選一。

(2)滿50,000元，健康好禮二選一。

(3)滿100,000元，健康好禮二選一。

個案9

# 某化妝品公司「會員贈品」活動

## 一、晶采尊寵，會員獨享

請憑封底兌換券與會員卡至全省○○○專櫃兌換本季晶采好禮乙份，數量有限，敬請把握兌換機會！

## 二、晶瑩尊貴會員

(一)全效活膚體驗組：全效活膚眼膜乙對+光透活膚隔離霜2.5g。

(二)晶鑽極緻體驗組：晶鑽極緻再生霜2.5g+晶鑽極緻修護精華11$ml$+晶鑽極緻活膚蜜10g。

(三)兌換日期：○○年12月10日至12月30日止，逾期無效。

## 三、晶瑩風采會員

(一)全效活膚體驗組：全效活膚眼膜乙對+光透活膚隔離霜2.5g。

(二)兌換日期：○○年12月15日至○○年1月5日止，逾期無效。

## 四、注意事項

(一)贈品以實物為準，每人限兌換一份，數量有限，送完為止。

(二)憑兌換券正本兌換（名條請勿撕毀），影印無效。

(三)請於期限內兌換，逾期無效。

(四)○○○Club保留隨時變更活動內容（含贈品）之權利。

(五)兌換券若遺失，請電洽○○○。

## 個案10
# 某家電大廠推出促銷活動

## 一、第一重：數位大獎歡樂抽

(一)時間：

○○年12月3日起至○○年2月12日止。

活動期間凡購買Sony商品，憑○○○○○保證書登錄成為○○○會員，即可參加下列抽獎，購買愈多，機會愈高。

會員登錄：請洽客服專線449911或○○○企業網站www.sonystyle.com.tw。

(二)獎品：

BRAVIA液晶電視：1名。

VAIO筆記型電腦：5名。

SONY數位攝影機：5名。

DVD錄放影機：10名。

Cyber-Shot數位相機：20名。

Walkman隨身聽：40名。

## 二、第二重：超值商品，超級好禮

(一)買BRAVIA/PLASMA WEGA送典雅造型桌燈。

(二)買WEGA全平面電視（含29型及以上）送名家造型茶具組。

(三)買HIFI-DAV數位家庭劇組送多功能桌鐘。

(四)買DVD錄放影機送多功能桌鐘。

(五)買HIFI床頭音響送極簡風造型CD架。

(六)買手提音響送極簡風造型CD架。

(七)買汽車音響（DVD/CD主機）送酷炫造型CD盒。

(八)買個人數位隨身聽送Walkman專屬攜行袋。

(九)買Handycam數位攝影機送Handycam旅行斜背包。

(十)買Cyber-shot數位相機送Cyber-shot時尚腕帶。

(十一)買VAIO筆記型電腦送多功能三用筆。

(十二)買LCD液晶螢幕送人體工學滑鼠墊。

(十三)買LCD投影機送真皮時尚名片夾。

注：上述好禮，敬請於購買時直接向經銷點索取。

依稅法規定抽獎獎項須繳交4‰印花稅，若獎項超過13,333元以上，另須繳交15%機會中獎稅（外國人另依法扣稅），所得獎品不可要求折算現金。

若遇商品換罄，本公司保有以同類等值贈品更換獎項之權利。

## 個案11
# 某資訊3C連鎖店促銷活動設計

### 一、購物滿就送活動

購物滿10,000元以上，就送好禮十選一；購物滿20,000元以上，就送好禮十選二；以此類推，買愈多，送愈多。

贈送品：

(一)東元4人份咖啡機（市價699元）。

(二)聲寶電烤箱（市價599元）。

(三)聲寶烤麵包機（市價499元）。

(四)歌林果汁機（市價699元）。

(五)聲寶快煮壺（市價990元）。

### 二、滿3,000元，就送700元電子禮券

即日起至1月31日止，小家電單品每滿3,000元，就送700元○○○○禮券！送禮券，想買什麼就買什麼，大家電、小家電、資訊數位商品通通都可以買！不受限品類，更不受品牌限制，超值回饋真划算！

### 三、全商品十二期零利率分期付款

除舊布新好輕鬆（分期恕不再贈送禮券），適用下列各大銀行信用卡：玉山銀行、花旗銀行、國泰世華銀行、第一銀行、慶豐銀行、安信銀行、中國信託、中國國際商業銀行（ICBC）、中華商銀、台北富邦銀行、日盛銀行等十一家銀行信用卡卡友，至○○○○門市購物，可辦理十二期零利率分期付款；未持有配合銀行信用卡者，亦可親至○○○○填寫申請辦理分期（詳情請洽門市）。

個案12

# 某食品公司50週年慶促銷抽獎活動案

## 一、活動期間

即日起至○○年12月15日止（以郵戳為憑）。

## 二、活動辦法

活動期間凡集任二個○○產品碗蓋、瓶標、包裝袋、包裝盒……（含○○香瓜子），註明個人基本資料（姓名、電話、身分證字號及聯絡地址），寄回「433臺中縣沙鹿鎮興安路65號○○50週年慶活動小組」，即可參加○○「讓你吃喝玩樂當大爺」抽獎活動。若對於活動內容有任何疑問，歡迎電洽消費者服務中心。

## 三、獎項介紹

(一)42吋電漿電視2名（每次抽出1名）。

(二)五星級總統套房4名（第一次抽出新竹國賓、全國大飯店各1名，第二次抽出臺南大億麗緻、臺東娜魯灣各1名）。

(三)北海道來回機票10名（每次抽出5名）。

(四)五星級飯店雙人住宿券100名（每次抽出50名）。

(五)五星級飯店1,000元禮券300名（每次抽出150名）。

## 四、抽獎時間

第一次：○○年11月8日。

第二次：○○年12月25日。

得獎名單將個別通知，並公布於網站www.vedan.com.tw。

## 五、相關注意事項

(一)參加者有義務保證所有填寫或提出之資料均為真實且正確，如有虛偽不實、不正確、冒用、盜用或詐欺等情事者，參加者將取消參加資格；如為得獎者，則取消得獎資格。參加者不得主張任何權利，

且倘若因前述相關事由，而有致損害於主辦單位或其他第三人，應自負一切民刑事及其他法律責任，主辦單位並保留相關法律追訴權。

(二)○○公司保留以上活動及獎項內容修改之權利。

(三)主辦單位保留因不可抗力之因素，導致運作延宕之修復作業時間。

(四)贈品以實物為準，主辦單位保有以等值商品兌換之權利，並保有隨時修正、暫停或終止本活動之權利。所有獎項不得折換現金或以其他獎項取代。

(五)依中華民國法令規定，每一參加者得獎贈品總金額超過新臺幣13,333元以上，須自行負擔繳付15%所得稅金。得獎者並同意主辦單位於收到稅金後，方將贈品交付之。參加者得獎贈品價值超過新臺幣1,000元，將列報個人所得。

(六)主辦單位之員工不得參加本活動。

(七)活動結束兩星期後，○○網站上將公布得獎名單。逾期未完成領獎程序者，視同放棄得獎資格，並不得向主辦單位主張任何權利。如有侵犯主辦單位任何權利者，主辦單位保留相關法律追訴權。

(八)中獎者如為未成年者，應由法定代理人協同辦理領獎及一切相關手續。

(九)兌領獎品期限至○○年1月31日止，逾期視同放棄得獎權利。

## 個案13

# 某家電公司推出促銷活動

## 一、主題

福旺迎春大贈送。

## 二、內容

(一)感恩大獎買就抽，吉祥好禮買就送。

(二)讓你新春好運強強滾，歡喜整年旺旺來！

(三)科技家電買就抽，好運長紅旺！旺！旺！

(四)凡於○○年1月1日至2月28日期間，購買電漿／液晶顯示器（27吋以上）、DVD錄放影機、滾筒式洗衣機、變頻式電冰箱等限定型號機種，並於○○年3月5日前將商品保證書公司聯寄回，即可參加抽獎。

| 獎別 | 特獎 | 頭獎 | 二獎 | 三獎 | 四獎 | 五獎 | 六獎 | 七獎 | 八獎 | 九獎 |
|---|---|---|---|---|---|---|---|---|---|---|
| | 數位電漿顯示器 | 變頻式電冰箱 | 滾筒式洗衣機 | DVD錄放影機 | 變頻蒸氣微波爐 | 數位相機 | IH電子鍋 | 組合音響 | 隨身卡拉OK | SD卡數位隨身 |
| 獎品 | TH-42PM50T | NR-F461A | NA-V101GD | DMR-EH60 | NN-J993 | DMC-FX9 | SR-JHA18 | SC-PM41 | SY-MK60 | SV-SD100V |
| 市價 | 89,900 | 55,900 | 39,900 | 26,900 | 24,900 | 14,900 | 9,900 | 8,490 | 5,490 | 5,490 |
| 獎額 | 10 | 10 | 10 | 20 | 20 | 20 | 25 | 25 | 25 | 35 |

## 三、主題：新春好禮，買就送，福氣全年旺！旺！旺！

買：數位電漿顯示器（全機種）。

數位液晶顯示器（全機種）。

送：VIERA紀念皮件組。

買：電冰箱（限360L（含）以上機種）。

洗衣機（限11公斤以上／含日本進口機種）。

變頻式微波爐。

IH電子鍋。

送：歐洲進口強化餐具組。

買：電冰箱（雙門360L以下）。

一般型微波爐。

彩色電視機。

家庭劇院組合。

洗衣機（11Kg以下）。

微電腦電子鍋。

DVD錄放影機。

音響組合。

送：牛頭牌真空保溫杯。

買：隨身卡拉OK（全機種）。

MP3（全機種）。

送：動感曲線杯。

個案14

# 法國○○○○化妝品品牌舉辦會員介紹會員的活動

### 年度明星商品大調查

身為玫瑰佳賓，使用過眾多○○○○產品，您一定有超級愛用的○○○○產品，真心想要推薦給其他會員！哪一個○○○○產品是您心目中最好用、最想推薦給其他會員的商品呢？

快寫下你的超推薦產品，於○○年2月28日前憑此券至全省○○○○專櫃，即可獲得精美保養試用品一份，並另有機會免費獲得○○○○肌因水親膚保濕霜30*ml*，共有100個名額。

　.我超推薦的○○○○產品是：_____

　·玫瑰佳賓姓名：_____

　·卡　　　　號：_____

　·聯絡電話：_____

以上資料請務必詳細填寫，以保障自己的權益，謝謝您的合作，○○○○玫瑰佳賓俱樂部陪您共創璀璨玫瑰人生！

## 個案15

# 某購物中心推出新春「福袋」抽獎活動
# （好旺福袋999元，汽車開回家）

### 一、活動時間

1月29日（日）～1月31日（二）（大年初一至大年初三），僅只三天。

### 二、排隊地點

1樓市民廣場入口處。

### 三、販售地點

10樓象限平臺。

### 四、超值福袋內容

包括Panasonic攝錄放影機、OSIM美腿魔法師、agnes旅行袋、BUR-BERRY時尚手錶、SONY PSP遊戲機等眾多優質好禮，讓您驚喜過好年！

### 五、活動方式

(一)每日早上10:30於市民廣場入口處排隊領取號碼牌，並依號碼牌上之說明於指定時間至10樓象限平臺參加活動。

(二)憑號碼牌即可以999元抽旺旺福袋乙次。依袋中號碼決定獎項內容，並至指定兌換地點兌換超值大獎。

(三)每人每次限購乙只，大年初一限量3,000名，大年初二至初三每日限量2,000名。

(四)凡購買福袋，均贈送一本超值千元抵用券（詳細使用規則請見折價券上之說明）。

個案16

# 某主題樂園區推出新春活動企劃

## 一、蒸氣火車動物大驚奇

活動時間：1月21日～2月12日。

國小六年級以下的小朋友，遊○○○就送您精美限量版○○○動物大驚奇手冊（限量50,000本，送完為止）。搭乘蒸氣火車與猛獸區遊園巴士後蓋完紀念戳章各一枚，還可獲得可愛吉祥物紋身貼紙喔！

## 二、春節5566與喬傑立家族巨星秀

活動時間：1月29日～1月31日。

喬傑立家族到○○○跟您拜年，千萬別錯過喔！

| 日期／期間 | 喬傑立家族 |
|---|---|
| 1/29（初一）14:00～15:00 | 5566、LALA、筒筒、太極。 |
| 1/30（初二）14:00～15:00 | 183CLUB、七朵花。 |
| 1/31（初三）14:00～15:00 | K-ONE、台風。 |

## 三、狗明星迎新春

活動時間：1月29日～2月2日。

○○○特別邀請「黎明狗明星戲團」的英國黃金獵犬、南斯拉夫大麥町、德國狼犬等狗明星，為您帶來一連串輕鬆逗趣的舞蹈及才藝特技表演，狗年看狗明星，○○○讓您狗年行大運。

## 四、百萬現金大抽獎，遊○○○變百萬富翁

活動時間：1月29日～2月5日。

1月29日至2月5日入園，即可兌換抽獎券一張（每人限領一張），您就有機會成為百萬現金得主。抽獎時間於2月5日17:30在主舞臺公開抽出。想要把百萬現金帶回家嗎？快到○○○試試您的手氣！

### 五、情定○○○，送您去夏威夷

活動時間：2月1日～2月28日。

情侶或夫妻於活動期間至○○○暢玩指定的四項遊樂設施後，就有機會獲得「夏威夷六天五夜雙人自由行」（憑消費商品或餐飲50元以上之發票即可參加抽獎）。

### 六、歡樂奇幻商隊大遊行

活動時間：1月29日～4月4日。

冒險王子哈比與阿拉伯美麗公主哈妮，童話世界中的豬小妹、跳跳虎、阿拉丁、各種動物明星與外國特技雜耍藝人等各地的朋友們所集合的商隊，帶您體驗歌舞、魔術、特技所演繹交織的奇幻世界，為您帶來一天的歡樂好心情！喜愛看迪士尼式大型夢幻遊行的朋友，千萬不要錯過喔！

### 七、哈比、哈妮、瑪希薩歡樂見面會

活動時間：1月29日～2月12日。

深受大朋友與小朋友歡迎的哈比、哈妮以及可愛的瑪希薩，將於1月29日至2月12日與您歡樂見面，還有魔術、小丑、街頭藝人逗趣的特技雜耍表演，保證讓您看了笑聲不斷，欲罷不能，歡迎前來一同歡度快樂時光。

## 個案17
# 某汽車公司推出購車大抽獎活動

## 一、主題

1月21日至1月22日歡迎蒞臨賞車會；週週抽100名，七星級杜拜帆船大飯店。

(一)抽獎日期：○○年1月6、13、20日、2月10日（每週抽出100名，共400名）。

(二)抽獎辦法：

　　(1)杜拜帆船大飯店（市價450,000元／2人）：每週抽出二組（1人中獎，2人同行）。

　　(2)東京迪士尼（市價50,000元／2人）：每週抽出四十八組（1人中獎，2人同行）。

　　抽獎資格可持續累計至活動結束，千萬大獎，愈早參加中獎機會愈高！

(三)活動詳情請上www.ford.com.tw網站查詢最新消息（本活動適用於1月27日前領牌者）。

## 二、全車系零利率分期付款

## 三、買就送GARMINI衛星導航系統（市價18,500元）

## 個案18

# 某購物中心推出全館購物「滿千送百」活動內容設計

## 一、活動時間

○○年1月19日至2月12日，計二十五天。

## 二、兌換地點

本館GF贈獎處，II館贈獎處。

## 三、內容規劃

(一)流行服飾百貨：刷5,000元送500元。

(二)1樓國際精品：刷10,000元送1,000元。

(三)GF珠寶專櫃：刷6,000元送300元。

(四)酬賓禮券使用期限：酬賓禮券自發出日起到○○年2月28日止，均可使用，逾期作廢。

## 四、注意事項

(一)發票、簽單兩者請妥善保留，遺失恕無法兌換，簽單需同日同卡號方可累計。

(二)酬賓禮券自發出日起到○○年2月28日止，全館均可使用，逾期作廢。

(三)○○超市、美食街、主題餐廳、NUJI、台隆手創館、紀伊國屋書店、黃金商品、○○國賓影城及部分專櫃消費不列入計算。

(四)兌換方式如有修正，以兌換現場公告為主。

(五)以上贈獎使用發票每張僅可對應一○○聯名卡。

(六)購買商品如欲退貨，需退回禮券。

個案19

# 某手機公司「百萬迎新春，現金週週抽」促銷活動設計

## 一、活動期間

○○年1月17日起至2月15日止（兌獎截止日為2月16日）。

## 二、活動辦法

於本活動期間購買附有「○○○○百萬迎新春，現金週週抽」活動酷透卡之○○○○ V3、V3i、U6、L6、L7及A732之手機（須附電信總局認證標籤），並於1月26日、2月2日、2月9日及2月16日至○○○○網站http://www.mymotorola.com.tw之「○○○○百萬迎新春，現金週週抽」活動網頁，登錄成為會員，輸入酷透卡序號，將酷透卡紅色對獎方塊，對準活動網頁上的對獎方塊，即可立即對獎，週週都可對。○○○○網站會於1月28日、2月7日、2月11日及2月18日在網站上公布中獎名單，並以電話及e-DM通知中獎。

## 三、○○○○紅包現金獎

(一)頭獎：新臺幣100萬元整，1名。

(二)二獎：新臺幣10,000元整，10名。

(三)三獎：新臺幣5,000元整，20名。

(四)四獎：新臺幣1,000元整，100名。

(五)五獎：新臺幣500元整，400名。

## 四、領獎方式

(一)請於得知中獎後至2月24日前（以郵戳為憑），將手中酷透卡的兌獎聯、身分證正反面影本、IMEI貼紙C聯，貼在兌獎通知單，寄至臺北郵政○○-535號信箱「迎新春現金週週抽」工作小組，○○○○會在收到中獎資料審核無誤後，於十個工作天內將獎項以掛號郵件寄出。

(二)100萬元得主將由「○○○○百萬迎新春，現金週週抽」工作小組專
　　人電話及e-DM通知，並舉行小型頒獎儀式。

## 五、注意事項

(一)不得重複兌獎，每人以一次中獎為限。已經中獎的消費者，沒有再
　　次對獎的權利。得獎資料若未在2月24日前寄回（以郵戳為憑），即
　　視為喪失得獎資格，原獎項由臺灣○○○○另行處理。

(二)中獎者寄回之身分證影本、手機IMEI號碼C聯、酷透卡之兌獎聯的
　　酷透卡序號須與登入「○○○○百萬迎新春，現金週週抽」活動網
　　站一致，資料不同者，喪失得獎資格。

(三)消費者收到的現金獎項第二獎至第五獎為中華郵政禮券，消費者可
　　至郵局直接換取現金。

(四)若因資料不全、有誤而導致贈品郵件退回、冒領、遺失者，恕不
　　另行補發。經查檢附之相關文件（如身分證影本）有造假者，視同
　　喪失得獎資格，該中獎者須繳回已領取之獎項，並應負相關法律責
　　任。

(五)依所得稅法規定，得獎贈品金額超過新臺幣13,333元，中獎者須另
　　外繳交15%機會中獎所得稅。○○○○電子股份有限公司會在給予獎
　　金時，先行扣除15%之所得稅。

(六)所有活動辦法細節以http//www.mymotoroal.com.tw網站公布為準。

(七)本活動僅限於臺灣地區購買○○○○指定手機之消費者（須附電信
　　總局認證標籤）。

(八)依相關稅法規定，中獎獎金所得將視為買受人之其他所得，
　　○○○○股份有限公司將會於會計年度終了開立扣（免）繳憑單，
　　以利所得人申報之用。

(九)如有任何問題，請洽消費者服務專線或至網站查詢活動細節。

(十)臺灣○○○○、奧美廣告、奧奇關係行銷、傳立媒體、先勢公關、
　　精實行銷、服務專線等員工及親屬不得參加本抽獎活動。

(十一)本活動○○○○電子股份有限公司保有最後裁量權及活動辦法變
　　　更（包括活動期間）權利，活動辦法如有變更，將另行通知。

## 個案20

# 某百貨公司「西洋情人節」特別企劃活動設計

### 一、愛神邱比特的祕密花園

2月3日至2月14日，A4館1樓南大門。

想坐在夢幻綺麗的情人燈座上，伴隨著小天使吹奏悠揚樂聲，悠閒漫步在歐式花園，體驗歐洲浪漫風的情人節氣氛嗎？○○○○信義新天地讓你不必出國，即可感受濃濃歐風，讓來此的情侶們留下一個難忘、浪漫的情人節之夜。

主辦單位：○○○○新天地。

獨家贊助：佳麗寶化妝品集團。

### 二、浪漫情人夜，爵士樂饗宴

2月14日PM19:00～21:00，A4館1樓南大門。

當耳邊響起浪漫爵士樂時，你是否想跟另一半溫暖擁抱，盡情享受二人世界。○○○○信義新天地提供浪漫爵士音樂饗宴，讓來此的情侶們都能有個美滿愉悅的情人節之夜。（活動以現場告示為主）

主辦單位：○○○○新天地。

獨家贊助：佳麗寶化妝品集團。

### 三、眞心誠意滿額送

活動期間於珠寶飾品節參與欄位，單日累積消費滿5,000元，即贈英倫情人抱枕；滿30,000元，即贈2公升耐熱燉鍋；滿100,000元，即贈TANITA體脂器（限量20名，單日限兌換乙份）。

## 個案21

# 某百貨公司「西洋情人節」特別企劃活動設計

### 一、愛情天燈，戀愛起飛

放天燈，求姻緣，盡在○○○○臺北天母店。

活動時間：2月12日（日）15：00～16：00。

活動地點：天母A棟1樓廣場。

期待心中真愛的到來嗎？還是希望能與身旁的另一半共享愛情的甜美與喜悅？○○○○臺北天母店邀您一同施放愛情天燈，讓所有等待戀情、單戀或熱戀的人，得到屬於自己的幸福。現場並備有霞海城隍廟，即可施放愛情的天燈，祈求美好的姻緣。祝天下有情人，終成眷屬！

### 二、親愛滴～我把巧克力變成你了

活動時間：2月4日15：00～17：00。

活動地點：A棟1樓廣場。

活動當天憑全館不限金額發票，即可加價299元「愛久久」至活動廣場訂製一個專屬情人們的照片巧克力，讓甜美的愛情留下最美好的回憶。限量300份。

### 三、趣味投籃賽

活動時間：2月5日15：00～17：30。

活動地點：天母店A棟1樓廣場。

趣味投籃賽又來了！第一場活動為情侶雙人的趣味投籃賽，只要兩人一組報名參加，即有機會獲得○○○○商品禮券。第二場則為2月投籃冠軍挑戰賽，活動以個人比賽得分最高分者，即可獲得○○○○商品禮券。參賽者皆可獲得精美禮品乙份。

個案22

# 某購物中心「西洋情人節」活動設計

## 一、愛是你‧愛是我

日期：1月26日至2月14日情人節滿額抽。

地點：本館4樓贈品處。

活動期間，當日全館消費滿3,000元，憑發票可得抽獎券乙張，有機會抽中白色情人禮乙份。

於2月15日下午3點本館1樓服務臺抽獎，共抽出十份，中獎者恕不累送。

## 二、白色情人禮

(一)摩天輪搭乘券二張。

(二)○○影城電影票（一般廳）二張。

(三)天母盛鑫麗華館精緻晚餐（雙人份）。

(四)台北戀館住宿券（12小時／雙人房）。

個案23

# 某主題遊樂區「新春活動」設計

## 一、全國最HITO超人氣主題樂園

(一)全國最高向日葵觀景摩天輪。

(二)二十三項國際級遊樂設施。

(三)創意風動向日葵裝置藝術。

(四)夜間「花」燈主題裝飾。

(五)搞笑逗趣紅鼻子滑稽秀。

## 二、超人氣表演從早到晚SHOW不停

### (一)紅磨坊歌舞秀（演出地點：彩虹劇場）

來自國外知名舞者，帶來歡笑熱鬧的紅磨坊歌舞秀，神乎其技的表演及燈光效果，從頭到尾絕無冷場，不必出國就能在○○○世界欣賞紅磨坊精湛的歌舞。

### (二)太陽神戀曲（演出地點：G5廣場）

美麗的向日葵象徵擁有最堅貞的愛情，現在由國外的舞者們為您演出這段既浪漫又淒美的愛情故事。

### (三)歡喜來作伙（演出地點：G5廣場）

為了歡迎您的到來，○○○世界特別準備了好多趣味活動與遊客互動，還有機會可獲得精美的小贈品哦！

### (四)俄羅斯傳統舞街頭秀──舞春風街頭秀（演出地點：咖博廣場）

傳統的俄羅斯舞蹈帶著濃郁的民族風情與風格，給遊客們最浪漫和最愉快的藝術享受。

## 個案24

# 某購物中心「春節福袋」銷售活動規劃

## 一、販售日期

1月29日大年初一至1月31日大年初三，每日上午11:00開始販售。

## 二、販售地點

1樓維多利亞廣場，販售價格1,000元福袋。

## 三、購買方式

請參照購買動線排隊領號碼牌，並依序結帳後抽出福袋號碼籤，對號領取該項商品。

商品內容：Matiz Pink Panther粉紅豹汽車、ETIC 32吋液晶電視、LOUIS VUITTON包包、Cartier、Chopard、BVLGARI手錶等。

## 四、注意事項

(一)當日販售之福袋商品皆為限量販售，數量有限，售完為止。

(二)購買之福袋以現場抽出號碼為準，恕不接受退換貨。

(三)福袋內容商品以現場公告陳列為準。

(四)福袋商品限現金購買，恕不接受刷卡。

(五)此項活動依現場告示為主。

(六)○○廣場保留活動修改、變更以及對本活動所有事宜作出解釋及裁決之權利。

(七)酬賓禮券、商品禮券不得購買福袋商品。

注：福袋緣起：

福袋發源地在日本，在當地已有三十多年歷史，日文發音為HUKU BUKULO。日本各大小商店為回饋客戶，每年1月1日都會推出各種「福袋」，讓客戶有物超所值的驚喜。每個福袋都會密封，內容物多在三件以上，多年前引進臺灣後，福袋內容物則因各業者行銷策略而有差異。

## 個案25

# 某文具連鎖店推出「促銷」活動

### 一、歡喜購物，歡樂刮刮卡活動

凡於活動期間即日起至1月14日止，憑當日單張發票購買品金額滿200元，即贈送刮刮卡一張，滿400元即贈二張，以此類推，數量有限，送完為止。

(一)特獎：iPod Video一個，共3名。

(二)一獎：iPod Photo一個，共5名。

(三)二獎：○○文具概念館禮券500元，共100名。

(四)三獎：○○文具概念館禮券100元，共1,000名。

### 二、集點贈獎活動

活動辦法：（本活動僅限臺北店）

(一)會員（需持會員卡）消費買100元贈送集點券一張，每張點數一點，消費滿200元贈送兩張，以此類推。

(二)不限時間，長期累積兌換。

(三)兌換方式：於收銀臺依點數兌換當期贈品。

(四)此活動「集點贈獎我最HIGH」，本公司有權修改活動內容或更換當期等價贈品，恕不另行通知，詳情請見每期海報。

　　1.50點：cute拖鞋。

　　2.100點：○○文具概念館透明光纖會員卡。

　　3.300點：歐式三層置物架+歐式人造花。

　　4.500點：Arcoma Natural進口精油蠟燭+復古玻璃立座。

　　5.800點：高級DVD一臺。

　　6.1000點：iPod shuffle一臺。

　　7.1500點：LG C3300照相手機。

　　8.2000點：Sony mini-ps2。

個案26

# 某化妝品公司「週年慶」促銷活動規劃內容

## 一、活動主題

配合百貨公司週年慶期間，全產品可享9折優惠。

## 二、美麗禮讚

消費折扣後滿3,600元，贈送橘格化妝包+美白精華七件禮或舒緩保濕七件禮或活妍能量七件禮，三選一。化妝包尺寸：17×12×5cm。

## 三、自信禮讚

消費折扣後滿6,600元，贈送美麗禮讚贈品+70週年橘格旅行提袋乙只。經典尺寸：43×29×20cm。

## 四、優雅禮讚

消費折扣後滿9,900元，贈送美麗禮讚贈品+自信禮讚贈品+身體香氛乳正品乙份。

### 個案27

# 某手機公司推出「促銷」活動

## 一、活動內容重點

為慶祝○○○ Totally Boord極酷派對,亞洲首次創舉登臺,即日起至7月25日止(數量有限,送完為止),到○○○全省指定店家購買任一款○○○手機,先送極酷上身(極酷派對T-shirt或網帽二選一),還可參加抽獎,有機會送你去「瑞士滑雪雙人遊」以及豐富的○○○大獎(50臺NOKIA 3230、1,000個極酷派對限量滑板)。

7月22日至23日來中正紀念堂一同狂歡,還有機會把smart汽車飆回家。為了大獎,我們不「濺」不散!

## 二、活動備註

(一)活動贈品以現場實物為主,數量有限,送完為止。

(二)贈品價值超過13,333元,須依政府規定扣繳15%稅金。

(三)臺灣○○○有更改貨品與終止活動之權利。

(四)刮中「七天六夜雙人瑞士滑雪自由行」之刮刮卡,須寄回○○○總公司後,由專人與得獎者聯絡。

個案28

# 某服飾連鎖店與信用卡公司合作「紅利點數100%折抵」活動

## 一、主題

歡暢7月，清點行動力 ── ○○○○紅利點數變現金，100%抵扣在HANG TEN。

## 二、活動辦法

(一)欲使用點數抵扣刷卡金者，請於結帳前告知服務人員。

(二)抵扣金額及點數均由系統直接換算，無法人工指定抵扣某特定點數或金額。

(三)中信的美國運通卡、Costco聯名卡及家扶卡暫不適用即時抵扣優惠的活動。

(四)抵扣點數的同時，消費餘額必須以○○○○信用卡結清。

(五)○○○○商業銀行保留修改活動內容之權利。

## 個案29
# 某珠寶鑽石公司推出「情人節」促銷活動

## 一、主題
GOLAY魅力情人節獻禮。

## 二、時間
即日起至2月10日止。

## 三、內容設計
(一)購滿100,000元，送「春天酒店魅力情人套餐」，包括春天酒店竹林亭日式料理二份+露天風呂券二張。

(二)購滿180,000元送「經典音樂劇——歌劇魅影」1樓貴賓區情人套票二張，2月11日晚場。

(三)仁愛店、天母店刷花旗銀行信用卡、大來卡、鑽石卡，均享六期零利率。另外，消費即加贈GOLAY經典珍珠貝殼化妝鏡，僅備十組，優先消費可享優先選擇之禮遇。

個案30

# 某購物中心推出「卡友日」促銷活動

## 一、主題

卡友日，好禮三重送。

## 二、活動內容

### (一)第一重：歡樂點數來就送

10月7日、10月28日卡友日，只要來店至4樓贈品處過卡，即可免費獲得
○○○全館滿額歡樂積點2點。

### (二)第二重：歡樂點數加倍送

10月14日、10月28日卡友日當日刷卡消費5,000元以上，即可享○○○
全館滿額歡樂積點加倍送之優惠，滿5,000元可兌換10點、滿6,000元可兌換
12點，以此類推。活動期間點數加倍送之當日累積消費金額以10萬元為上
限。

### (三)第三重：點千成金

即日起至11月6日，卡友於館內單筆消費滿1,000元以上，享紅利積點
1,000點抵扣消費款100元之優惠，最高折抵可達該筆消費金額之50%。

1.限正卡持卡人扣抵，無法同時參加分期付款活動。

2.○○○華納威秀影城、摩天輪、B2靚車高手、B1頂好超市、康思特藥
　局、1樓瑪格麗特婚紗、3樓長庚生物科技、4樓湯姆熊之刷卡簽單，非
　屬同一收單體系，恕不適用「點千成金」之活動。

# 個案31

# 某網路購物公司推出「促銷」活動

## 一、主題

歲末酬賓全館強迫中獎雙重送。

## 二、活動內容

### (一)第一重：全館買就送

IMORE愛摩兒時尚旅館600元折價券（折抵加時費用）。

### (二)第二重：全館消費累計滿萬元即可獲贈福袋

SONY PSP、iPod nano、COACH手拿包、PDA、SEIKO機械錶、數位相機、DVD播放機、瑰柏翠護手霜、迪士尼卡通隨意毯等，大獎送到家。

個案32

# 某日用品公司新產品上市與大型量販店「促銷合作」案

## ・歡慶上市三波計畫

(一)歡慶上市第一波：2/10～2/23

*1.*○○洗／潤髮乳1,000*ml*全系列特價NT139。

*2.*○○○獨家雙重送（贈品以實物為主）：

第一重：買任一○○，須即可獲得果漾巧妝包一只。

第二重：買任二○○（須包含○○果漾系列新品），即可獲得○○果漾防毛燥圓梳一支（共8,000支）。

(二)歡慶上市第二波：3/01～3/31

消費者憑「歇腳亭果漾宣言杯」至○○○購買○○果漾系列，可折價10元。

(三)歡慶上市第三波：3/23～4/05

來○○○參加「果YOUNG high翻天」活動，三陽機車、Sony Ericsson手機、SONY數位攝影機、iPod nano等多項大獎等你抽，快來贏得果漾世代必備行頭。

## 個案33

# 某購物中心「情人節」促銷活動設計

## 一、活動一：珍愛情人

2月10日至2月14日，消費滿2,000元送100元商品禮券。

## 二、活動二：好禮三重送

活動時間：2月1日至2月14日。

### (一)第一重：滿額美鑽抽

凡於Mira 1樓當日購物累計滿3,000元，可換取鑽戒摸彩券一張，並於2月15日5:00 pm公開抽出10名幸運顧客。

### (二)第二重：消費滿額禮

1. 凡於黃金珠寶區購物單筆滿20,000元以上，即獲贈Mango手錶一支（送完為止）。

2. 凡於飾品配件區單筆滿3,000元以上，即獲贈T-Parts提袋一個（送完為止）。

### (三)第三重：好康買大送小

## 個案34

# 某大航空公司推出「抽獎」促銷活動

### 一、主題

新春大樂透，○○獎不完！

### 二、時間

2月9日至4月30日。

### 三、行程

旅客報名參加○○航空公司東南亞優惠行程：峇里島、普吉島、曼谷、清邁、新加坡、吉隆坡、檳城，均可獲得抽獎券乙張。本活動共計384個獎項，就等您來贏得大獎。

### 四、獎項

頭獎：TOYOTA WISH 2.0J轎車2名。

二獎：SUZUKI SWIFT 1.5GL轎車2名。

三獎：32吋液晶電視10名。

四獎：○○長程線任一航點經濟艙機票20名。

五獎：○○亞洲線任一航點經濟艙機票50名。

六獎：8,800元現金紅包100名。

七獎：SONY PSP掌上型遊樂器100名。

八獎：iPod nano 2GB 100名。

### 五、相關說明

(一)中獎獎金或獎品價值達（含）13,333元，另須代收15%所得稅。

(二)得獎旅客須經查證，確實於活動期間搭乘適用航線出國旅遊，方才符合本活動獲獎資格。

(三)得獎旅客須自行負擔相關稅捐（含汽車牌照稅等），名單將公布於○○網站，並專函通知。

(四)○○員工與相關旅行社從業人員，恕不適用此項抽獎活動。

(五)○○保留本優惠方案之修改及最終詮釋權。

## 個案35

# 某購物中心「開幕慶」特別企劃活動

### 一、祥麟歡樂慶開幕

時間：12月10日，10:00～11:00；地點：大門廣場。

磅磚威壯的戰鼓氣勢，拍案叫絕的神獅特技，揭開3公尺高的紅色巨型大布幕，○○購物中心將正式與您見面。

### 二、太極神鼓達人秀

時間：12月10日11:30～12:00；地點：大門廣場。

以日本太鼓為出發點，充分表現新、技、形、體四大要素，結合太鼓、國樂、戲曲、武術等精彩內容，給您最震撼人心的演出。

### 三、○○時尚秀

時間：12月10日19:00～20:30；地點：公園廣場。

聯合驚喜、歡樂、遊園地三大主題表演，更搭配最流行的耶誕服裝造型秀，將帶給您最難忘的夜晚。

### 四、喜從天降Part1──歡樂啦啦隊迎賓秀

時間：12月11日10:00～10:30；地點：大門廣場。

熱情的啦啦隊，搭配動感的節奏與動作，為開場注入最精彩的動力，節目中還有喜從天降的驚喜自天上撒下各項優惠券的活動等您來拿喔！

### 五、動感JAZZ音樂會

時間：12月10日18:00～20:00；地點：2樓廣場。

兼顧動感與柔情的JAZZ音樂會，特別邀請JAZZY BON爵士樂團，帶給您最特別的影音饗宴。

### 六、寶寶爬行大賽

時間：12月18日16:00～17:00；地點：3樓。

令人充滿歡笑的寶寶爬行比賽即將展開，現場提供豐富的獎項，快帶著你家的小寶貝來一決高下吧！（限30名）

## 七、耶誕歡樂大集合

時間：12月24日14:00～21:00；地點：館內各樓層。

我們安排了薩克斯風、不動藝人、兒童音樂團、雜耍秀、調酒秀等驚奇表演，最貼近人心的街頭即性表演，讓您驚喜不斷。

## 八、喜從天降Part2——天降神兵

Disney-The Wiggles見面會！

時間：12月10日14:00～15:00；地點：2樓廣場。

風靡兒童界的偶像天團Disney-The Wiggles將與大家見面，並與人偶演出最新的歌曲。憑當日消費滿2,000元發票，還可免費與The Wiggles偶像明星合影留戀。

個案36

# 某口香糖公司推出「抽獎」活動促銷案

## 一、活動期間

7月10日至8月31日止。

## 二、活動辦法

凡購買「○○瓶裝口香糖」或買滿50元以上之「○○系列商品」，就有機會獲得頂級「寶島之星」環島觀光火車四日遊人氣大獎，有機會3人同遊臺灣或香港，美麗風光玩透透！

## 三、活動獎項

(一)頂級「寶島之星」環島觀光火車四日遊3人同行共5名（1人中獎，3人同行），價值82,500元。

(二)香港逍遙遊3人行共10名（1人中獎，3人同行），價值24,000元。

(三)野宴日式炭火燒肉餐券250名，價值1,000元。

(四)請保留發票兌換（若發票未顯示商品項，請保留包裝兌換）。

## 四、活動注意事項

本活動由臺灣○○○股份有限公司（下稱「本公司」）主辦。消費者凡於7月10日至8月31日在活動通路購買「○○®人氣瓶」乙瓶或買滿50元以上之「○○®口香糖」系列商品，將發票號碼上網登錄於本活動網頁（www.doublemint.tw），即可參加本次抽獎。

個案37
## 某飲料公司推出「抽獎」促銷活動案

### 一、開瓶驚喜立即中

活動日期：7月24日至8月31日。

活動分類：○○產品「來去玩活動Go！」

### 二、開瓶驚喜立即中

#### (一)活動辦法

即日起至8月31日止，喝寶特瓶600$ml$或鋁箔包330$ml$，見瓶蓋或截角印有「一獎」、「二獎」或「三獎」，即可兌換該獎項。

#### (二)活動獎項

一獎：浩鑫電腦XPC 1臺，2名。

二獎：BenQ PE5120家庭劇院投影機組一組，5名。

三獎：iPod nano 2GB 1臺，50名。

#### (三)兌獎辦法

憑中獎寶特瓶瓶蓋，附上姓名、地址、電話、e-mail，於9月15日前（郵戳為憑）以掛號寄至：臺南縣744新市鄉大營村7號「○○○○○活動小組」收。

#### (四)注意事項

1.一獎及二獎中獎名單，公布於網址www.tryit.ws及www.pecos.com. tw。

2.主辦單位因不可抗拒之因素，有權更換獎項為等值商品，獎品以實物為主。

3.愛用者服務專線：0800037520。

個案38

# 某飲料公司推出「抽獎」促銷活動

## 一、活動名稱：前進麥鄉暢遊澳洲，百萬好禮雙重送

活動日期：7月31日至9月30日。

活動分類：○○產品「來去玩活動Go！」

## 二、活動期間

第一重：10月15日止；第二重：9月30日止（郵戳為憑）。

## 三、活動辦法

(一)第一重：開盒好手氣，再來一罐，100萬瓶免費暢飲

1.鋁箔包系列：沿盒底虛線剪下「再來一罐」字樣截角，即可兌換○○
  系列利樂包一罐（300ml）。

2.冷藏紙盒系列：沿開封處虛線剪下「再來一罐」字樣截角，即可兌換
  ○○系列利樂包一罐（500ml）。

3.寶特瓶系列：憑瓶蓋內「再來一罐600ml○○紅茶」字樣，即可兌換
  ○○嚴選紅茶一罐（500ml）。

4.兌換地點：7-11、全家、萊爾富、OK、福客多及頂好惠康等門市。

(二)第二重：集截角或標籤二枚，前進麥鄉遊澳洲

剪下「○○」利樂包商品名稱截角或寶特瓶標籤或冷藏紙盒截角任二
枚，連同姓名、地址、電話及出生日期，郵寄至「710臺南郵政10-94號信箱
前進○○收」，即可參加抽獎。

## 四、活動贈品

一獎：澳洲遊學獎學金10萬元，5名。二獎：澳洲黃金海岸與麥田風光七
天五夜精緻之旅，30名（市價40,000元／名）。三獎：○○限量版歐都納旅
行休閒背包，100名（市價3,000元／個）。

個案39

# 某食品公司推出「好禮加購資料填寫」促銷活動

## 一、活動日期

即日起至9月15日止（以郵戳為憑）。

## 二、活動參加流程

(一)列印「好禮加購資料填寫頁」，並完整填寫基本資料、問卷及勾選超優惠商品（四選一）。

(二)完整蒐集雞精全系列任一口味瓶蓋共十二枚。

(三)匯款到指定帳號：

戶名：○○○中小企銀

銀行代號：050

帳號：110-12-042-○○○

(四)將所有資料一併寄到：臺北市復興北路1號9樓「雞精活動小組」收。

## 三、注意事項

(一)基本資料、問卷、產品勾選不清楚或瓶蓋數不足者，恕不受理。

(二)自匯入款項日起計，於十四個工作天內收到所訂購之商品。

(三)非雞精產品瓶蓋或瓶蓋無法辨識者，視同無效。

(四)本活動個人可不限次數加價購買，集愈多優惠愈多。

(五)雞精與創新未來公司保有更改活動內容或取消活動之權利。

(六)加入健康好時光會員，還有好康優惠喔！（列印會員EDM所附「二枚」雞精瓶蓋圖案，可折抵二枚瓶蓋，參加活動。）

(七)如果對於活動有任何疑問，隨時歡迎使用客服信箱和我們聯絡。

## 個案40 某飲料公司推出「抽獎」促銷活動

### 一、活動名稱：熊貓贈品，熊熊送給你

即日起至9月13日止，喝寶特瓶及易開罐商品，集活動貼紙二枚，註明姓名、地址、電話，於9月13日前寄至：114臺北市民權東路6段25號6樓○○電視臺「活動小組」收，就有機會得到東京熊貓之旅、熊貓小沙發、日本Panda Z熊貓造型手錶。

### 二、活動時間

即日起至9月13日止。

### 三、活動辦法

喝寶特瓶及易開罐商品，集活動貼紙二枚，註明姓名、地址、電話，於9月13日前寄至：114臺北市民權東路6段25號5樓○○電視臺「活動小組」收即可。

### 四、活動獎項

頭獎：東京上野動物園五天四夜團體旅遊，1人中獎，4人同行（共48名，每次抽出16名）。

二獎：熊貓造型小沙發（共900名，每次抽出300名）。

普獎：日本Panda Z熊貓造型手錶（共9,000名，每次抽出3,000名）。

### 五、抽獎日期

7月14日、8月14日、9月14日，共3次，並於抽獎當天約21:57 pm○○娛樂臺「小氣大財神」節目結束後播出。

### 六、注意事項

(一)贈品以實物為準。

(二)公司員工不得參加本活動。

(三)贈品獎值13,333元以上者，須依法繳納15%機會中獎所得稅。

(四)頭獎獎項，當次抽獎中獎者不得重複。

(五)普獎手錶造型共三種，每次抽獎手錶造型不同。

(六)頭獎為團體旅遊行程，未含個人簽證費、兩地機場稅、航空兵險、旅遊保險等費用。出國時間指定，多梯次可供選擇，惟每梯次出團人數限定未盡事宜，依中獎通知函說明為準。

(七)公司擁有修改及取消本活動的權利而不作事前通知，亦有權對本活動之所有事宜作出解釋或裁決。

## 個案41

# 某汽車公司推出「抽獎」促銷活動

## 一、活動名稱

暢遊樂園天天抽，早買早抽機會多！

## 二、活動期間

7月1日至7月31日止。

## 三、活動期間

於汽車展示中心訂購全車系任一車款（商用車除外）並完成領牌，即可參加「天天抽　日本主題樂園雙人行、月眉探索樂園全家遊」抽獎。

## 四、活動獎項

(一)日本主題樂園雙人行：價值56,000元旅遊券，每日一組，共三十一組。

(二)月眉探索樂園四人券：價值2,800元，每日十組，共三百十組。

## 五、抽獎辦法

活動期間每日以電腦隨機方式，抽出一組日本主題樂園雙人行得獎者及十組月眉探索樂園全家遊得獎者。如遇假日，則順延至隔日抽出。

## 六、得獎公布

中獎名單將於抽獎當日公布在網站www.5230.com.tw，並可撥打0800-030-580顧客服務專線查詢。

## 七、旅遊券使用規定

(一)本券僅限喜達及天喜旅行社國外團體旅遊行程使用。

(二)本券行程係團去團回，不可搭配其他優惠方案使用，無法折現或找零。

(三)本券限12月31日前出團有效。

(四)本券無法抵用護照費、簽證費、小費及自費行程等註明事項。

## 八、注意事項

(一)中獎人須親臨經銷據點兌換，獎品不得兌換現金。

(二)兌換時，中獎人須完成領照手續，並攜帶本人印章及繳交身分證影本，辦理相關中獎手續。

(三)參加抽獎之顧客如經審核資格不符者，汽車公司保有取消其參加抽獎之權利。

(四)汽車、汽車相關企業及經銷商之員工及家屬不得參加此抽獎活動。

(五)營業用車、租賃車、公家機關購車及大宗批售不適用本抽獎活動。

(六)汽車公司保有取消本活動或變更辦法之權利。

# 第 5 篇

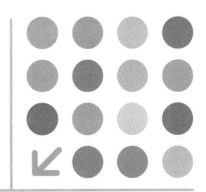

● 促銷活動的公關媒體報導

# Chapter 12 加強對促銷活動的媒體及公關報導（圖片說明）

🏆 圖12-1 《經濟日報》以「周年慶首日SOGO忠孝館湧進15萬人」的驚悚標題，為SOGO百貨公司做宣傳報導，十足吸引人且印象深刻無比。

圖12-2　《蘋果日報》以「SOGO周年慶首日銷5億」為正面報導，並附上人潮擁擠的圖片，看了頗令人動心，也想去消費。媒體公關報導即有此效果。

圖12-3　《蘋果日報》以「全版二十全」為SOGO 20週年慶活動做大版面的廣編特輯報導及廣宣。

🏺 圖12-4　《蘋果日報》以「新光三越信義店清晨5時就有人排隊」為標題，為新光三越百貨週年慶做公關宣傳，此外副標題也寫出4天35萬人入館創新高紀錄。

🏺 圖12-5　《蘋果日報》以「信義新天地周年慶10萬人次狂擠」為標題，頗具吸引力。

🍎 圖12-6　《蘋果日報》以二十全版報導新光三越週年慶，並以名模林又立為注
　　　　　目焦點，吸引讀者閱讀，提高促購的效果度。

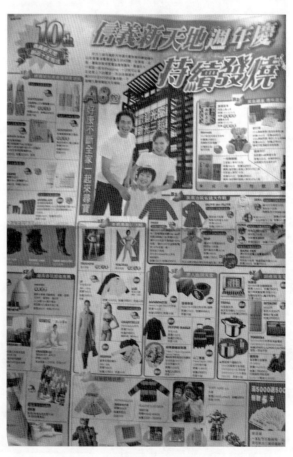

🍎 圖12-7　《蘋果日報》以全版「信義新天地週年慶持續發燒」為標題，拉抬新
　　　　　光三越週年慶的氣勢，此亦為廣編特輯呈現。

🖨 圖12-8　《蘋果日報》以全版的廣編特輯為新光三越信義新天地週年慶開打做二十全的宣傳引爆。

# 結語：學生期中與期末分組報告說明（學以致用報告）

## 一、期中分組報告

(一)請各組同學親自上各消費品公司官網，搜尋至少五個在官網上或報紙上揭露的促銷活動，加以轉成為期中報告，並詳細說明及分析之（ppt版+Word版）。

(二)這些消費品官網公司，包括統一企業、統一超商、味全、金車、三星、光泉、維他露、黑松、可口可樂、雀巢、克寧、白蘭氏、P&G寶僑、Unilever聯合利華、花王、味丹、維力、屈臣氏、家樂福、全聯、和泰汽車、三陽機車、85度C、星巴克、桂格、桂冠、台啤、山葉機車、多芬、潘婷、蘭蔻、雅詩蘭黛、舒潔、茶裏王、資生堂、黑人牙膏、SK-Ⅱ、桂格、City Cafe等。

## 二、期末分組報告

(一)請各組同學針對下列主題擇一做報告：

　1.對各大型零售連鎖公司週年慶的促銷活動及整合行銷活動做詳盡的分析報告。（ppt版+Word版）。（百貨公司、購物中心、量販店、藥妝店、3C店等）

　2.對各大型消費品公司或零售連鎖公司近一年來的累積性促銷活動，做完整及有系列的蒐集、整理及分析說明（ppt版+Word版）。

(二)另外，也蒐集它們的電視廣告、電視置入報導、報紙廣告、雜誌廣告、網路廣告、戶外廣告、店頭內外POP廣告、現場活動、展示活動、項目等周邊性360度全方位整合行銷傳播的呈現，並加以分析。

(三)每個報告ppt製作，應力求圖片及文字並呈。

(四)ppt文字，力求精簡有力。

(五)最後，要有一頁做結論說明。

(六)本報告要著重分析思考能力。

(七)最後，每位同學要口述1分鐘對本學期本課程的綜合學習心得或感想。

(八)祝福各位同學未來都能有一個成功的職業生涯。

國家圖書館出版品預行編目資料

促銷管理：實戰與本土案例／戴國良著. ——
四版. ——臺北市：五南, 2018.04
　面；　公分
ISBN 978-957-11-9554-4（平裝）
1.銷售　2.銷售管理
496.5　　　　　　　　　106025142

1FPW

# 促銷管理：實戰與本土案例

作　　者 — 戴國良

發 行 人 — 楊榮川

總 經 理 — 楊士清

主　　編 — 侯家嵐

責任編輯 — 黃梓雯

文字校對 — 陳俐君

封面設計 — 姚孝慈

出 版 者 — 五南圖書出版股份有限公司

地　　址：106台北市大安區和平東路二段339號4樓

電　　話：(02)2705-5066　　傳　　真：(02)2706-6100

網　　址：http://www.wunan.com.tw

電子郵件：wunan@wunan.com.tw

劃撥帳號：01068953

戶　　名：五南圖書出版股份有限公司

法律顧問　林勝安律師事務所　林勝安律師

出版日期　2007年 8 月初版一刷
　　　　　2011年 2 月二版一刷
　　　　　2014年 2 月三版一刷
　　　　　2018年 4 月四版一刷

定　　價　新臺幣460元